U0351168

亚太餐厅

Oriental Style

深圳市博远空间文化发展有限公司 编

天津大学出版社
TIANJIN UNIVERSITY PRESS

序言 PREFACE

序一

　　一提起中式餐厅，你首先想到的是什么？没错，色、香、味俱全的美食。我国作为一个饮食大国，饮食文化源远流长，湘菜、川菜、粤菜、鲁菜等八大菜系举世闻名，为众多食客提供了无限选择的可能性。而在视觉形象上，中式餐饮空间更是给我们留下了深刻的印象。首先在颜色上，喧嚣张扬的红、深沉稳重的黑、清新脱俗的蓝、明艳妩媚的黄以及静如止水的白，五种颜色代表了中国文化的不同分支，同时也令人感受到灯笼的喜庆艳丽、水墨的洒脱飘逸、青瓷的优雅含蓄。色彩的选择与运用奠定了餐厅的文化基调与情景氛围，更带来了丰沛的视觉冲击力。其次在建筑风格上，中式餐厅或者遵循皇室庄严肃穆、沉稳内敛的风格，或者打造别致的山水田园、质朴无华的品貌，又或者中西合璧，呈现别样的风情。但不论是哪一种，总会带给我们视觉以外的情感体验。在风度气韵上，有的纵横捭阖、肆意挥洒，有的古朴雅致、如烟如霭，亦有的宁静安逸、令人愉悦。深厚的历史文化为中式餐饮空间提供了丰富的文化素材。说不尽的中国文化，体会不完的古时风韵，纵使拾取一二便足以变化多端，笑傲江湖了。

　　然而，现代人是不容易满足的。对于中式餐厅，除了那令人回味的美食和深厚的文化底蕴之外，我们还期望它更舒适、更便利、更能满足食客挑剔的审美眼光。这就要求设计师们在充分提炼中国传统文化素材的同时，运用艺术手法为我们呈现出更加丰富的空间格调，在不经意间便能触动我们的心灵。

　　而当这一切都被完美地实现时，我们所能做的，便是在这样的环境里，静静品味熟悉而又陌生的古老意韵，在满足味蕾欲望的同时，实现我们最初的愿望——穿行在时空的夹缝之中，忘记纷繁复杂的现实，在时光的瞬间转换中寻找自我的意义。

博远空间

序二

CONDUCTOR
设计指挥家

　　写这篇序言的此刻，我刚从台北返回北京。卸下繁忙，坐在工作室一面敲着键盘，一面轻松小酌 Penfolds Cellar Reserve 2007 年的 pinot noir。随着越来越密集的工作行程、频繁的差旅飞行以及每年超过 30 个一线品牌的餐饮项目设计，现在的我更明白"慢活"对身心平衡的重要。一杯好酒搭配一本好书，代表的是一种从容不迫、细腻的生活态度。

　　餐饮空间是人与人聚集交流的场所。作为一名餐饮空间设计者，我时常会想着什么人会来这里，什么是来这里的人所需要的。这个过程其实令我感到最有意思，就像是北方人在家包饺子，重点在于包饺子过程中人与人之间的交流。交流得好，结果就是水到渠成；交流得不好，水饺可能就索然无味了。

　　设计，是一种生活经验累积和内在沉淀后的表现。设计工作本身是有趣的学习过程，通过对生活体验的折射，产生源源不绝的创意灵感，激发出对生命丰富的热情。像是艺术家或音乐家，使用同样的画笔或是乐器，但透过各自精彩性格与洋溢才华的表现，总是能撩拨起你我情绪中那根敏感的神经。而这本荟萃了国内外优秀创意的《亚太餐厅》，理所当然地成为整合一切美好设计协奏曲的指挥家。

利旭恒

目录 CONTENTS

亚太
餐厅
Oriental Style

八方馔养生餐厅

Octagon Dining Health Restaurant

设计机构：厦门宽品设计顾问有限公司　　主案设计师：李泷　　参与设计：张坚、林惠平
项目地址：福建省厦门市　　项目面积：900 平方米
主要材料：水磨石 、明镜、不锈钢、肌理涂料、实木板、黑钢

　　八方馔是一间以制作养生美食、拥有八大菜系为特色的餐厅，整个空间注重营造与料理相互交融的氛围。餐厅设计以简约中式为基调，整体色调以米色为主题色，搭配灰色作为过渡，使整个空间低调并不失时尚。外观黑色格栅由"八"字提炼造型，美观且耐人寻味。大堂富有中国风的黑金色工笔漆画、简洁丰富的肌理墙面、素雅禅意的布艺隔断、写意花鸟的麻纸吊灯无一不渗透着浓浓的东方意韵。二楼以一片鸟语花香的景象拉开序幕，简洁明亮的餐区，散发着浓郁古典气息的水墨意象纵横交错，营造空间丰富层次并塑造神秘感。整体空间将中式古典元素巧妙地融入现代空间中，色彩、材质、造型和谐共存，极具美感的视觉效果共襄心灵盛宴。

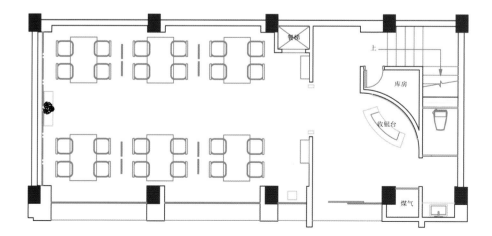

一楼平面图

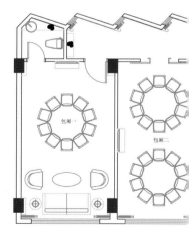

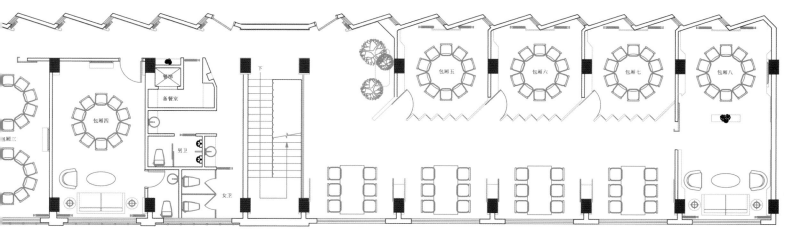

二楼平面图

二布院
ErBu Yard

设计机构：周易设计工作室　**主案设计师：**周易　**项目地址：**台湾新竹市　**项目面积：**430 平方米
主要材料：青砖、杉木、竹、铁刀木皮、抿石子、磨石砖、非洲花梨木、锈铁

　　丰富多彩的自然界，一向是艺术创作者共同喜爱的灵感宝库。那些取材于天然的石、木、光、水、植物花叶等的设计元素，一旦透过卓越设计者的巧思，灵活应用于空间当中，就能撞击出贴近人心深处的温暖与感动。
　　这是一处坐落于台湾新竹的餐饮空间设计，川流的人潮和位于角间的优势，让这栋上、下四层楼高的独立建筑，不管是外观上鲜明的建筑语言，还是高辨识度的地景艺术，都更有地标性的意义。为了重现曾经被遗忘的地道汤头美味，也为了创造一处足以和这种味觉深度相得益彰的用餐环境，业主与设计师双方都倾注所有热情，使餐厅无论在感官享受还是情境氛围上，都给人以过目难忘的震撼印象。

一個被遺忘的味道一二布院

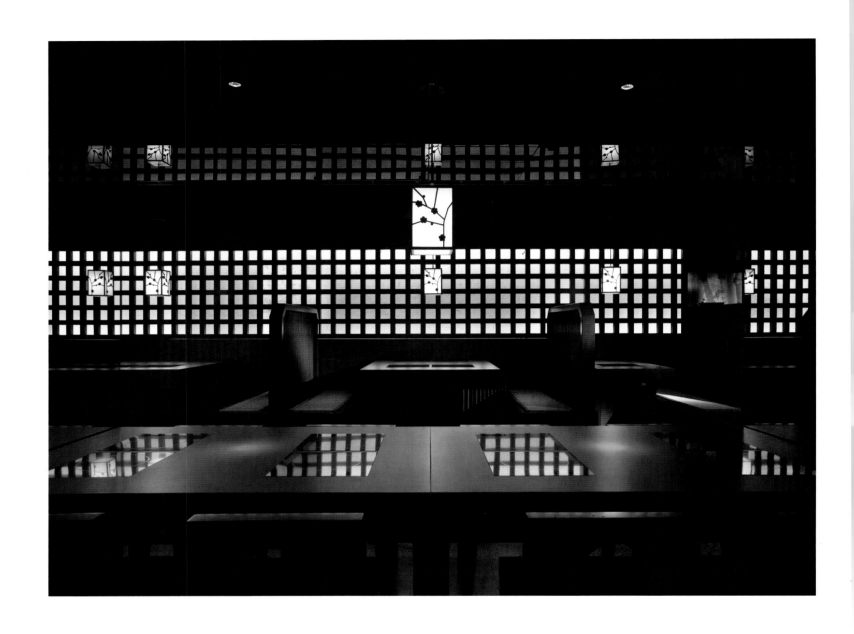

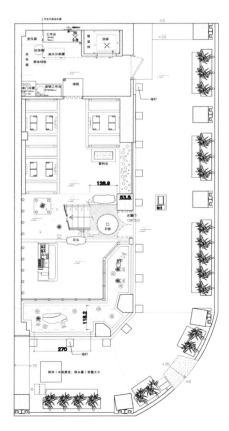

一楼平面图

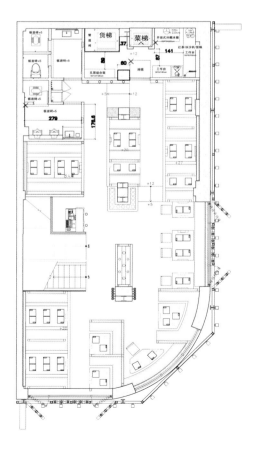

二楼平面图

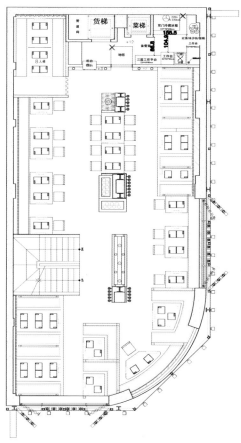

三楼平面图

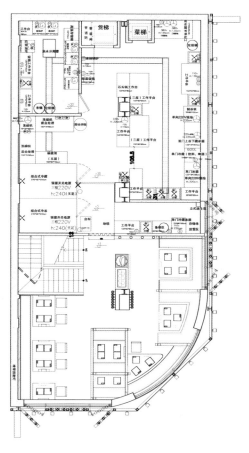

四楼平面图

　　整个建物外观连同底部的成排结构柱，都以灰黑色锈铁精心包覆，除了居中醒目的灯箱店招，两侧均以修长的格栅开窗手法搭配灯光，极其讲究而精准的施作工艺，却能传递安藤式的极简意象。转折的骑楼是与当地住民接触最频繁的区块，透过设计师极度情境的构图技巧，融入日式石灯、青砖、漂流木、悬浮空中的竹管群、古董大门等元素，整合这些充满怀旧感与时间感的自然材质，加上日式庭院精华、镜面水景、环抱店面柔和的灯带照明，甚至是墙面上以锈铁镂刻的字句，酝酿中日文化水乳交融的和谐与层次，让人仿佛进入时光隧道，不禁怀想过往年代的美好，也充分体现庄子所谓"至大无外，至小无内"的哲学思维。而大门左侧透过大面铁件玻璃帷幕呈现的深邃、转折感，则巧妙诱发人们的想象力和一窥究竟的欲望。

　　一楼因为包含骑楼与扶梯动线，可用空间有限，因此设计师在进门处，依序安排质朴稳重的接待柜台和流动水景，点缀古朴的石钵与水生植栽，在直行视线安定的青砖立面衬托下，第一时间舒缓来客情绪并引导入座。

　　除了一楼后方备有以半腰格栅界定的精致卡座，二楼以上的情境规划更见精彩。首先在梯口处设计一座大约在胸线高度的石砌梯形屏风，融入两面皆可观赏的流瀑和灯光，兼具低调管理动线与维持视觉穿透的效果。而不同的用餐区也有各自的写意风景，例如局部卡座背景以天然木皮凸显未经雕琢的温度与触感，有些则是透过连续的大图输出、勾勒竹林水墨飘逸自得的风雅。其次在独立的包厢内，则能感受到墙面稻草漆的特殊质感以及透过无数杉木断面打造的强烈视觉意象。

　　整体而言，设计者的思考逻辑除了要体现独树一帜的艺术性，更清楚地展示了行进动线的周延、精准的力学结构、娴熟的建材组合、讲究的施作细节以及画龙点睛的软件搭配等。不过最精彩的情节，则是总结上述精华，以空间为媒穿针引线，为消费者带来前所未有的感官体验！

客家本色
大里店

Natural Hakka–DaLi Branch

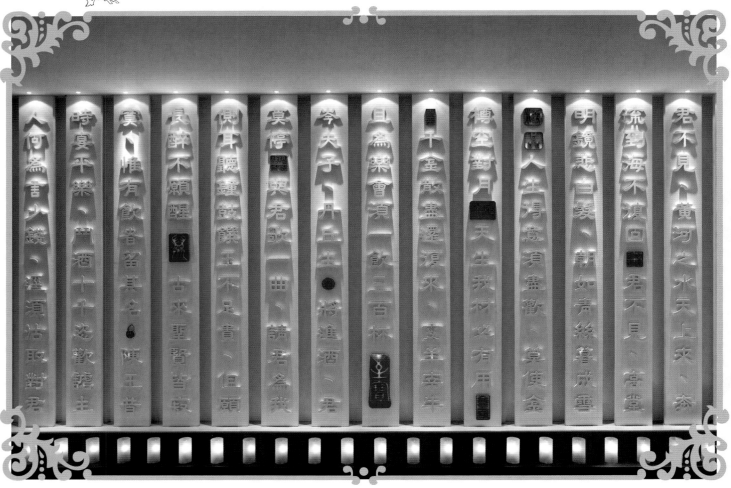

设计机构：周易设计工作室　　**主案设计师：**周易　　**项目地址：**台湾台中市　　**项目面积：**895 平方米
主要材料：铁件、清水模、枕木、玻璃、大理石、抛光石英砖、竹子

环境内外本该是相互呼应的有机体，但许多建筑物由于考虑安全、安静等种种因素的硬性阻隔，却往往将室内、户外切割成两个壁垒分明的区块。不过在这个坐落于台中市的大型商空设计案例中，周易设计善用原建物室内挑高与连续大面落地窗的先天条件，以一种开阔的眼界与达观、圆融的逻辑思考，将苏州园林般幽渺的流水、竹林、栈道景观，由外部借景引为室内框景，并融入现代经典的黑白时尚对比与东方文化语汇，依各种比例加以变化、调和，透过两者间的冲突与和谐，为令人心情愉悦的餐叙意境写下全新注解。

　　这是栋上、下仅两层楼高的独立建筑，其清水模的质朴、陶缸水景的写意，加上玻璃帷幕的通透感，在鲜明的建筑语言里，同时注入了业主期许的自然、休闲概念，让人第一眼就留下深刻印象。

　　走过户外粗犷的枕木栈道，单侧有着格栅窗花图腾的长列方形步道灯，以典雅的光影诉说着迎宾的热诚。栈道与主建物间规划水景区，以黑色石材砌成的无边界水池里，点缀着四座巨大的黑色陶缸以及状似漂浮的烛台灯与光束涌泉。水池中央一座强调极简线条美学的清水模结构，让室内外有了适度的衔接与屏障，设计者借由这些源于自然界的木、石、光、水等元素，传递一种人造工艺与自然共生的极致，提炼宁静与安逸的环境和谐之美，让所有到访者都能以最放松的心情入内用餐。

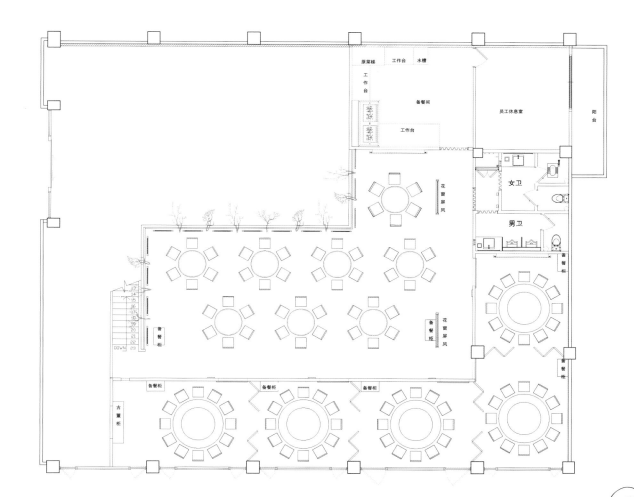

一楼平面图

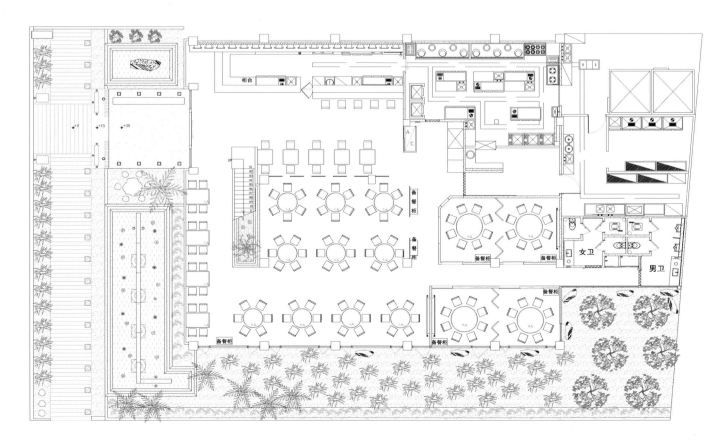

二楼平面图

一进门所见即为气宇非凡的柜台区，善用建物局部挑高逾七米的优势，在柜台后靠端景处以工序繁复的白底浮雕隶书，加上分毫不差的铅字排印技巧，将李白一首豪情万丈的《将进酒》，在精妙的聚焦灯光下，进化为气势万千的立体视觉艺术。而点缀文字群间、大小不一却同样别致的红色落款，灵感来自乾隆皇喜欢在钟情的书画上捺印，隐喻专属专有的特性。整个画面的经营，除了意蕴其中的人文涵养，更是一次独到美学的具体实践。此外，精选黑色石材在文字端景墙前打造柜台主结构，立面以错落的实木块传递不经修饰的自然感，上方一排利落铁架运用纤细的钢骨深入天花板内强化支撑，架上一长排烛灯成为室内外共通的元素之一。综合以上情境构图手法，千年的文化重量与休闲的丰富内容尽在其中。

黑的梯间下缘，一方镜面池水仿佛是户外水景的复刻版，池中一棵全白枯枝，既有白山黑水的泼墨意境，更有日式枯山水的耐人寻味。尤其经过设计师周易一向擅长的灯光烘托，更将生活的无限美好浓缩于眼前的方寸之间。一楼主要为开放的用餐空间，其中一侧运用"有景借景，无景则避"的技巧，将落地窗外优美的竹林景致汲引入内，大大提振食客食欲和对其情绪的感染力。不容错过的还有点缀在窗畔白墙与特定包厢内的大幅书法艺术，全是当代知名书法家——李峰的作品，其中一幅名为《如易》，很巧合地将设计者与业主名字中共有的"易"字带进来，营造既有象征性又意义深远的客制化艺术。另一侧包含夹层，上下均使用大量中式窗花分段界定，全数喷白的线条格外立体，一字排开的气势营造"数大便是美"的震撼力。二楼天花板处还有黑色枯枝迤逦而出，串联空间处处呼应的设计主题。

私密包厢的设计同样饶富巧思，在隔墙上缘点缀的白色竹檐与灯光阴影，让人联想起"采菊东篱下"的悠闲，以雅致瓶门发想的入口造型，有着中式园林的书香气质，门上的厢名则以知名的客家聚落命名，这也点出了业主源出于此、不忘本的初衷。

庵锅

An Guo

设计机构：周易设计工作室　　**主案设计师**：周易　　**项目地址**：台湾台中市　　**项目面积**：441.9 平方米
主要材料：铁件、铁刀木、玻璃、石皮

　　热情的仲夏，油桐花随风散落一地，萤火虫在空中萦绕闪烁；白天朵朵花儿洒落的雪白，夏夜闪闪萤光的浪漫，倍添春夏之交的清凉。四季更迭带来的不同感受，一如多样性城市带给人的丰富多彩。走在台中市公益路上，各式餐厅林立，一间挑高九米的古朴建筑，书写着偌大的"庵"字。在洗练摩登的都市文化中，日式朴拙的建筑物给人一种净化心灵的感受。庵锅——日式火锅烧烤店，以"净化、祈福"元素为主题开展，有别于一般的大众化，细致沉稳的日式风格是这次的设计主轴。

　　挑高九米的建筑本体的内部陈设却是由相当细腻的巧思构成。进门左侧的水景区，由不规则纹路的石皮高墙、象征绵延的苍翠松树、淙淙流水与日式风提灯演绎。右侧悬浮在水面上的佛像，是许愿池的意念，上方的撞钟，散发祈福的意味，底下铺满碎石，带领我们一步步借由禅意进入日式严谨的调性中。

中央开放式座位周围，有以天灯造型为概念发想的灯饰，搭配黑色烤漆玻璃天花板，产生的倒影有加乘空间的效果，传达更深一层幸福、祈愿的意念；周围环绕水幕的烛台，与入口右侧佛像处的烛台遥相辉映，将庙宇特性深植其中，让用餐客人的心灵也能与浩瀚的天穹相系，能量流动源源不绝。

两旁半开放式座位，一边佐以嵌入式撞钟造型壁面，优雅脱俗的兰花点缀其间，边端以玻璃面区隔，让视觉效果更宽阔；另一侧以饱满大石填满整个壁面，低调沉稳中带有些许变化的趣味；通往洗手间的动线转折处以折纸建筑概念做设计，日式小茶壶摆放于整个大空间的底层角落，将日式风味一路延伸。

设计师以独特的空间效应传达日式料理的艺术与内涵，让每位进到庵锅的客人不仅吃得养生，心灵也会感受到全然的净化。贴心的思维从庵锅的命名到柜台处祈福卡的设立，让客人带着平静心灵用餐的同时，也可以散播祝福。

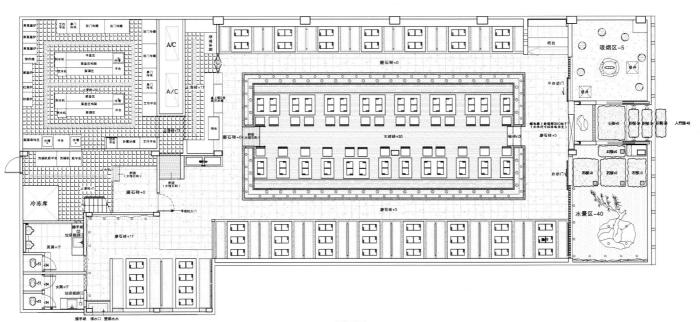

平面图

眉州东坡酒楼
三苏祠店

Meizhou Dongpo Restaurant–Three Su Temple Branch

设计机构：经典国际设计机构（亚洲）有限公司　　**主案设计师**：王砚晨、李向宁
项目地址：四川省眉山市　　**项目面积**：室内 2 000 平方米　园林 3 500 平方米
主要材料：黑青石、绿松石、红砂石、白砂石、竹质墙纸、木质雕花门窗、古铜五金、手工丝毯

　　1 000 多年前的北宋，苏轼是当时最著名的诗人、文学家、书画家之一。元祐年间，京中文人学士围绕在苏轼周围，拥戴他为文坛盟主。西园为北宋驸马都尉王诜之第，当时文人墨客多雅集于此。元丰初年，王诜曾邀苏轼、苏辙、黄庭坚、米芾、蔡肇、李之仪、李公麟、晁补之、张耒、秦观、刘泾、陈景元、王钦臣、郑嘉会、圆通大师十六人游园，史称"西园雅集"，后人认为其可与晋代王羲之"兰亭集会"相比。
　　王诜请善画人物的李公麟（1049—1106 年，字伯时，号龙眠居士），以他首创的白描手法和用写实的方式作画，描绘当时十六位社会名流在自己府邸做客聚会的情景，取名《西园雅集图》。画中，这些文人雅士挥毫用墨，吟诗赋词，抚琴唱和，打坐问禅，衣着得体，动静自然；书童侍女举止斯文，落落大方，表现出北宋的一派盛世场景。米芾为此图作记，即《西园雅集图记》，有云："水石潺湲，风竹相吞，炉烟方袅，草木自馨。人间清旷之乐，不过如此。嗟呼！汹涌于名利之域而不知退者，岂易得此哉？"

　　900 多年后的今天，眉州东坡酒楼在京发展多年后，终于回到苏东坡的故里——眉山。在东坡故宅的西园，开设了一座眉州东坡酒楼三苏祠店，试图重现当年的西园雅集盛况。所以，从我们接手设计的第一天起，就试图回到当年北宋盛世的社会情景中，回到当年苏东坡呼号激荡、叱咤风云的时代中去，找寻那种深深打动我们的东坡文化情结。

　　眉州东坡酒楼－三苏祠店的整体设计涉及三个方面，即建筑、室内、园林。这三个方面互为依存，高度整合，需要全盘把握。

　　首先，我们从建筑入手。我们接手的两栋建筑是经过现代改良的仿古建筑，需要尽力还原中式建筑的精髓，即从细节入手，将仿古建筑的椽、柱、梁、廊等恢复到原本的尺度和结构。最重要的是找到和周围三苏祠古建筑相吻合的气氛，就是充满全院的古朴儒雅的气质，我们努力将这栋新建筑做到修新如旧，使用一切手段，让这两栋新建筑中的色彩、质感、材料、装饰细节等都具有深远的年代感和深厚的文化感。

　　室内设计中我们力求做到平淡致远，尊重古建筑的原有语言，使用最贴近自然的材料如青石、竹质墙纸、古铜门槛、木质廊柱等最传统的施工工艺，来表达我们对苏东坡的敬意。东坡有词云："人间有味是清欢。"我们给大家呈现的也许是苏轼当年最喜欢的一幅情境——素墙、黛柱、青地、白顶，在这种简逸的情境之中点缀着漏窗、竹帘、卧榻、古灯、幽兰、诗词、书法、绘画等，尤其在所有装饰书画的设置上，我们煞费苦心，尽一切所能搜集苏轼以及和苏轼有关的传世书法和绘画作品，使用最接近原作的印

刷复制方法制作，陈刊于室内及室外墙面。其中苏轼的《前赤壁赋》、《黄州寒食诗》和赵孟頫的《后赤壁赋》，都堪称是中国书画艺术中的集大成者；而选用的宋代以及元、明、清众多大师的绘画书法精品，都是同苏轼开创的艺术流派一脉相传，共同使北宋盛世的文明情景铺陈于眼前，让近千年的东坡文化流淌在时间和空间之中。在这里，我们也许能够体味出当年以苏轼为首的文人雅士风云际会的畅意人生画面。

对于园林的营造，也正如《西园雅集图记》中所记："水石潺湲，风竹相吞，炉烟方袅，草木自馨。"园中置苍松、奇石、腊梅、紫藤、翠竹、石榴、桃花、樱桃、山茶以及种种俊秀玲珑的灌木，映衬古雅的院落，焕发出勃勃生机，营造出西园春华、夏茂、秋实、冬秀的四时园林之胜。院外的竹林傍依小溪，竹荫下凉风习习，茶香飘溢，正是品茶谈天的绝妙所在。当你回头一瞥，一簇桃花正在枝头绽放，不禁想起苏轼的名句"竹外桃花三两枝，春江水暖鸭先知"。此情此景，米芾在《西园雅集图记》中感叹道："人间清旷之乐，不过如此。嗟呼！汹涌于名利之域而不知退者，岂易得此哉？"

这便是我们想要呈现给您的眉州东坡酒楼－三苏祠店，这也正是十多年来我们苦苦追寻的东坡情结。今天，眉州东坡终于回到东坡故里，它将承载更多的历史和未来。

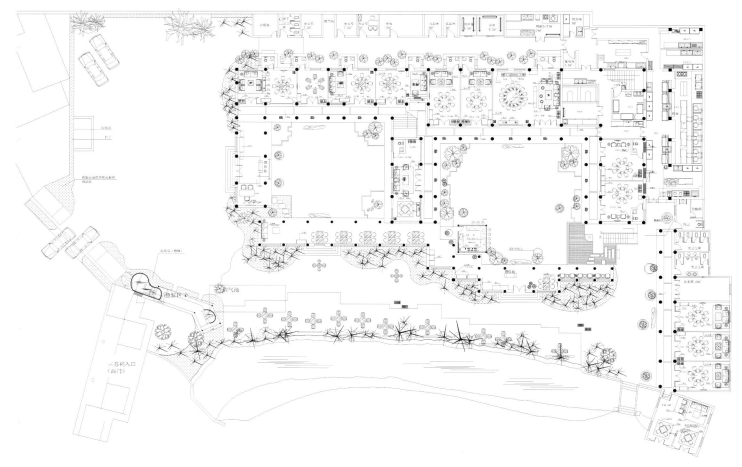

一层平面图

好客山东大丰餐饮

Hospitable Shandong Dafeng Catering

设计机构：河南东森装饰工程有限公司　　主案设计师：刘燃
项目地址：河南省郑州市　　项目面积：600 平方米
主要材料：青石、灰瓦、灰砖、中式灯笼、木质花格

　　本案位于中原之都——郑州，建筑面积 600 平方米。　整体方案以山东文化做背景，容纳山东各地风情元素。中式"借景望景、步移景动、曲径通幽"在这里得以充分体现。　大堂设计着重体现大气内敛，中国元素——红灯笼烘托了整个大堂红火的氛围。包间以山东各地取名，其在设计上取泉城济南、五岳泰山、孔圣曲阜、青岛海滨、菏泽牡丹等各地元素，突出主题。　在空间上留下了"室内建筑"的影子，又给人以连绵不断的山脉之感。青砖、汉瓦、白墙、鸟笼、红灯笼、中式花格用现代的手法贯穿于整个空间中……

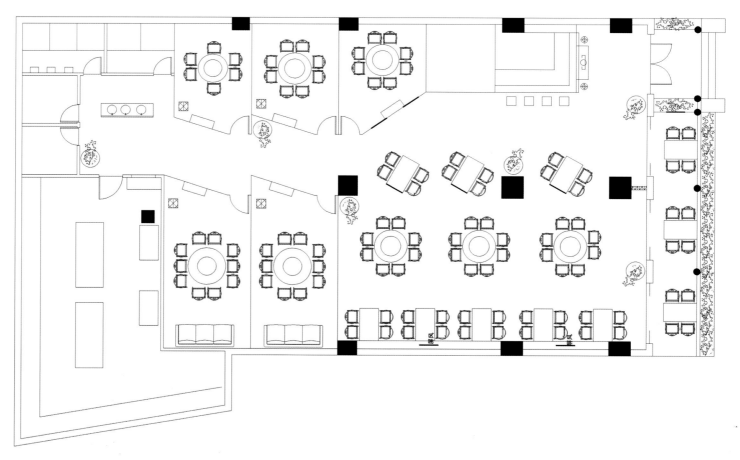

平面布置图

中式新语·晋家门

Chinese Neologism · Jin Restaurant

主案设计师：王建伟、黄译　　**项目地址：**江苏省南京市
项目面积：400平方米　　**主要材料：**原木、爵士白、皮包、文化砖

　　晋家门，以意象的东方风情、大胆的留白、回归传统文化的现代餐饮环境，品尝记忆里厨房的家常味道。
　　浓浓的中国文化包罗万象。设计不是把"形式"与"文化"的"符号"过多直接了当地表现，而是摒弃大量的装饰材料，选择壁画，用山西特有的民俗文化元素，以黑白剪影刻画当地风情。黄土地、窑洞、吹唢呐的汉子、高粱酒瓮等民俗元素及低彩度的立面空间被暖光温润。
　　我们强调让建材的自然质地真实显现，餐厅内外古老的木门、立柱和棱花门组合出浓浓的大院味道，西北朴素而真实的粗犷感被精细地收纳在现代的小情趣中。这些晋派木件的细节被保留得完整而美丽，柱子上的木节、棱花隔断上细腻的人物雕刻、大门上锈蚀的铆钉门环都情切入骨，地面严丝合缝的长条青砖更显西北民居的自在清凉，配上浅色桌椅，一派舒适洒脱的院落风光。
　　简约、自然，我们希望勾起客人怀旧的情愫。这里酱色的鸟笼灯，星星点点悬于头顶，温和的灯光穿透细薄的笼壁，洒下干净的光晕。优雅的皮包座椅、爵士白石材台面，以摩登的质地出场，彰显西北独特的沉稳优雅。
　　从浮华走向平实，从喧闹走向宁静，晋家门如闹市中的一个山西宅院，更如一本旧书，内涵深刻又耐看……

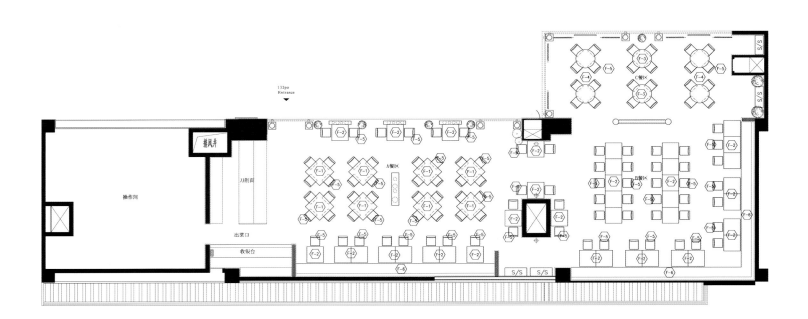

平面布置图

四季怀石料理

Four Seasons Kaiseki Cuisine

设计机构：河南鼎合建筑装饰设计工程有限公司　　**主案设计师**：孙华锋、刘世尧
参与设计师：李珂、张利娟、孙健　　**项目地址**：河南省郑州市　　**项目面积**：1 500 平方米
主要材料：黑白玉大理石、红影木、毛石、黑色铁艺、草编壁纸、实木花格等

　　四季怀石料理地处繁华的郑东新区，主要为品味高雅的顾客提供正宗的日式料理。本案从现代的美学角度让日式文化获得了新的生命，在整个空间中琢磨锤炼每一个细节，使人强烈感受到材料的质感与力道，让顾客在现代的用餐环境中体味传统的日式料理。

　　整个空间格局清晰，从接待区到寿司台区再到铁板烧区及榻榻米包间，各个空间都有其独特的设计和一系列别致的艺术品装饰。从一层门厅开始，就对日式元素进行了提炼，原木、毛石、枯山水，一个关于日本文化的内涵空间被娓娓道来。上到二层，穿过接待区就是主用餐区。3.4米的挑高和临窗的位置使这里拥有极佳的视野，台位间的黑色铁艺隔断既让客人感到相对的私密性，又让这一区域多了一份安静。粗犷、自然的毛石墙面成为视觉焦点，定制的日本纸灯和艺术装置，也将整个餐厅的品味体现出来。除了主用餐区还有铁板烧区、榻榻米包间、VIP包间等，铁板烧区上方飞舞的樱花图案让整个区域凭空多了一份浪漫，大理石台面上雅致的黑白色水纹与走道波浪状的黑色隔断相呼应，让空间格调更加统一。

　　铁、黑钛金、不锈钢等金属材料与原木、毛石等天然材料分别在空间中得以组合运用，材料的光影特性让空间展现出丰富的内容，使人在充满活力的四季怀石料理享受悠闲的时光。

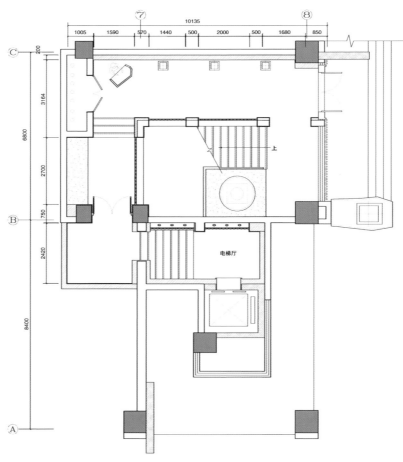

一层平面图

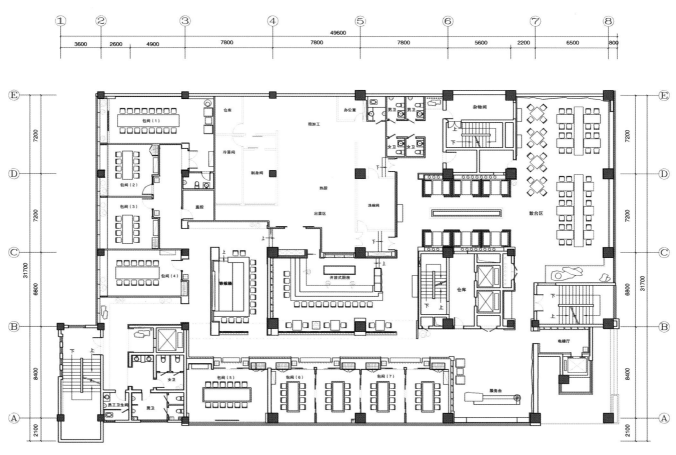

二层平面图

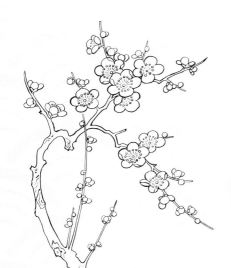

凯旋门七号会馆

7 Club of Triumphal Arch

设计机构：河南鼎合建筑装饰设计工程有限公司　　**主案设计师：**孙华锋、刘世尧、孔仲迅
参与设计师：李春才、王粉利、胡杰、孙健　　**项目地址：**河南省洛阳市
项目面积：5 000 平方米　　**主要材料：**水文砂岩、意大利木纹石、黑金花石材、黑钛金

　　作为洛阳首屈一指的餐饮名店，"凯旋门"这个名字在人们心目中已经成为高端餐饮的代名词。"凯旋门七号会馆"便是这家餐饮企业最新落成的旗舰店，俗语说好事多磨，历经两年多的策划并几易设计公司后，得以最终呈现。

　　在九朝古都洛阳这样一个历史文化积淀深厚的城市，怎样将商业运营、客户体验、当下的设计潮流与厚重的地域文化巧妙地融合，给客户带来非凡的尊贵体验是在初期定位时考虑的重点。

　　入口是客户体验的第一站，会馆外立面错落有致的石材分割很好地处理了建筑体量过大带来的沉重感，在带来强烈视觉冲击的同时也很好地降低了造价。红黑相间的格栅和门套的结合强调了入口位置，也形成吸纳迎人的视觉感受。

　　进入会馆大厅，通道两侧的石材柱子、硕大的红色壁灯、通顶的中式花格、黑色描金漆柜等元素形成了强烈的仪式感，凸显客人的尊贵。更让人震撼的是两个挑高八米的中庭，正对入口的中庭上方璀璨的花瓣倾泻而下会聚成晶莹剔透的水晶牡丹，气宇轩昂却也柔情似水，体现出洛阳作为牡丹之都的主题。大厅左侧的小中庭则作为藏宝阁休息区，高仿的唐代彩乐俑顽皮地立于两侧，高耸至顶的古董架下简洁的罗汉床可供人短暂休息，整个空间都被浓浓的文化气息所包围，同时不乏灵动通透。

　　一层除了风格各异的特色包间外还为零星客人或企业活动准备了一个 240 平方米的散座区，满足各类客群需求的同时也让空间更加灵动和人性化。一层至二层的交通方式有电梯和围绕藏宝阁的步梯，洞石铺就的地面将人们引入二层餐厅包间。二层的包间中有几个特色包间，其中东宫（中式风格豪华包间）、西宫（新古典风格女性会所）和伊斯兰包间最具特色，呈现出尊贵大气、细腻典雅的空间氛围，满足了接待贵宾、高端女性客户及伊斯兰民族客人的个性需求，体现其人性化服务的宗旨。

　　从平面布局到装饰手法再到细节刻画，设计师举重若轻，使得厚重的地域文化在空间中自然流淌，摒弃繁复的中式符号，保留中原文化的包容大气，融合现代人的审美情趣，带给人一场不同文化碰撞的尊贵飨宴。

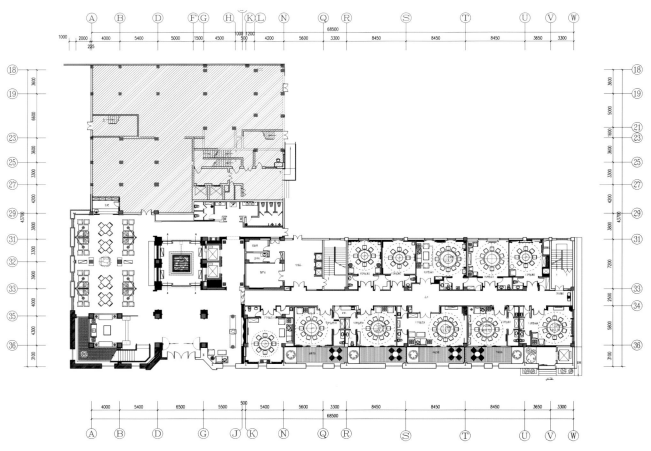

一层平面图

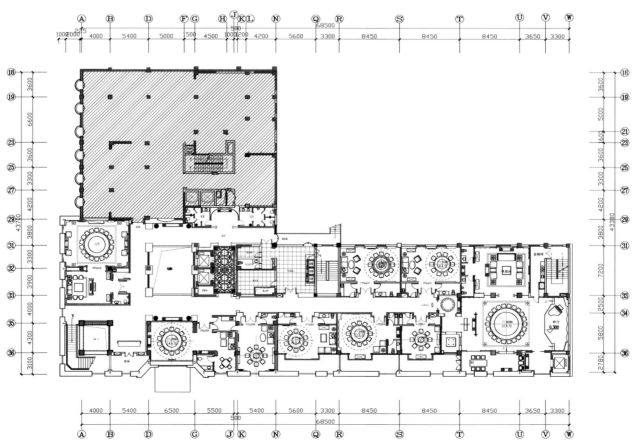

二层平面图

吴裕泰内府菜

Wuyutai Nei Fu Dishes

设计机构：北京圣唐古驿室内设计事务所　　**主案设计师**：刘宁
项目地址：北京市　　**项目面积**：1 200 平方米　　**主要材料**：灰砖片、杭灰大理石、灰镜、木雕

吴裕泰内府菜是以茶文化展示为主，配以养生菜体验的文化休闲商务场所，是一家极具茶文化内涵和养生概念的顶级茶楼，缕缕内府所飘茶香及款款秘制养生菜肴，都尽显至尊品质。

茶楼一层为前院，是当时吴府对外接待区域，可以品茶、购茶、观茶道表演、吃茶餐及赏戏。二层为内院，是当时吴府的主要生活区域。把徽派建筑元素融入京味四合院风格的包房区域，构成了独立与共享相融合的吴府特色院落风格。三层为后院，当时的吴府后院主要是宴请达官贵人、社会名流的地方，而今天的内府菜三层是"内府宴"专区，也是社会名流、各界贵宾吃茶宴、商务聚宴的极佳场所。

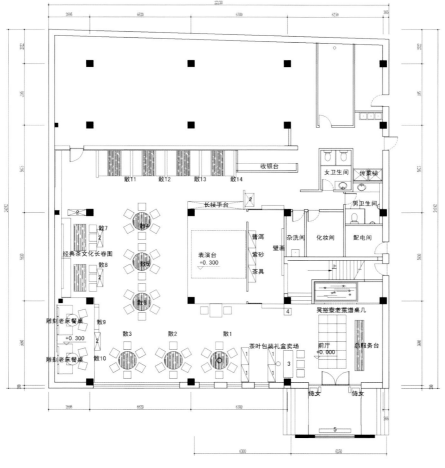

一层平面图

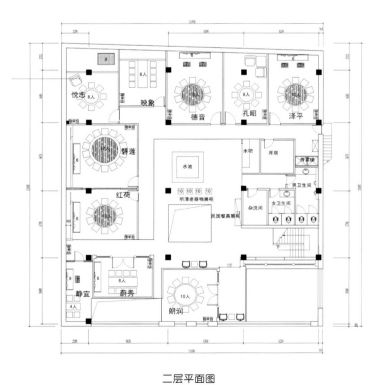

二层平面图

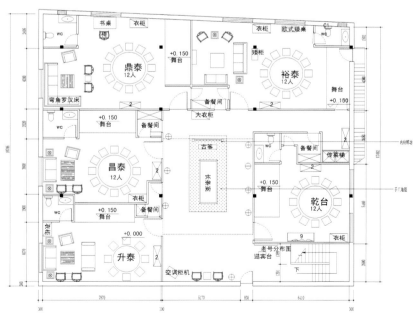

三层平面图

桂雨山房

Guiyu Restaurant

设计机构：杭州潘天寿环境艺术设计有限公司　**主案设计师**：胡斌
项目地址：浙江省杭州市　**项目面积**：3 000 平方米
主要材料：仿古石材、铁刀木、壁纸、木地板、乳胶漆、仿石漆、雕花玻璃、不锈钢等

　　桂雨山房，位于杭州西湖边上，有着明显的地段优势。通过入口，就能让主、客以及佣人在互不干扰的情况下进入各自的区域。第一眼映入眼帘的水景和中庭的绿化，提高了会所的雅致风情，可让人感受到竹子的清秀、莲花的高洁品质。这个就是平面一层设计比较显著的特点之一，功能划分明确，又不显杂乱。整个会所在西北和东南两个角上安排了出入口，这样做一来保证了人流动线，二来也让原本稍嫌阴暗的地段充满绿意。如何利用"墙"对于隐秘性的作用和对于场景的意向作用，又避免过于压抑的弊端则非常重要。在这点上，桂雨山房以白色高墙为基本建筑元素，然后配合桂花树、青竹、黛瓦，此外还大量采用大窗，然后配合窗外的栅栏形成细窗效果。在瓦的表现形式上，则采用了变异的手法，以密集排列的斜置式铝合金管阵形成黛瓦的效果。

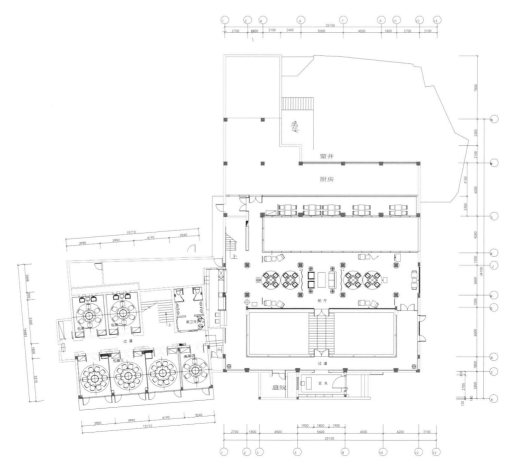

总平面图1

总平面图 2   总平面图 3

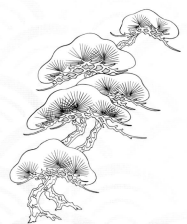

松本楼

Songben Restaurant

设计机构： 古鲁奇建筑咨询（北京）有限公司　　**主案设计师：** 利旭恒 、吴宏宇、季雯

项目地址： 北京市　　**项目面积：** 650 平方米　　**主要材料：** 灰砖 、麻绳、木雕、铁艺

　　松本楼是专营日式料理的全国连锁餐饮品牌，本项目由特邀知名餐饮空间设计师利旭恒主笔。设计师有感于当今社会生活于北京、上海大城市环境之中，总有强烈的名利主义之感，基于回归真实自我、朴实善良的理念，他提出了一个有趣的想法：以祈福、日本太鼓、祈福牌、家族图腾以及相扑文化串联整体空间，灯光气氛营造出高档日餐的华丽与时尚感，多层次原木基调的日式祈福牌子，在餐厅外墙面以类似装置艺术的方式呈现，构成一连串的奇妙视觉体验，希望呈现一个祈福的空间给顾客。来此用餐的客人可以在祈福板上留下对未来的祈福语或愿望，也留下一个幸福的期待，在此顾客与餐厅有了共同的约定。设计师利旭恒借由松本楼体现一个和谐社会的缩影，温馨的用餐环境让顾客流连忘返，回头客不断，这也是设计师利旭恒所说的"好的设计就能体现设计所带来的价值"。

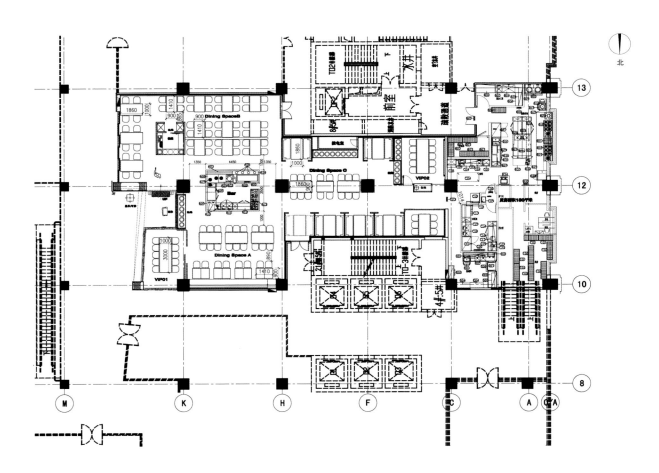

平面布置图

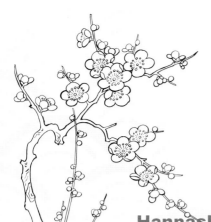

汉拿山
北京新源里店

Hannashan Korean BBQ–Beijing Xinyuan Lane Branch

设计机构：古鲁奇建筑咨询（北京）有限公司　　**主案设计师**：利旭恒　　**项目设计**：吴宏宇
项目地址：北京市　　**项目面积**：1 500 平方米
主要材料：花岗石、济州岛火山洞石、铁锈板、锡箔纸、橡木、LED 光源

　　本案占地面积1 500平方米，位于商厦的一层，汉拿山在此经营已经超过10年。2010年，作为韩式烧烤的领先品牌，汉拿山计划将品牌再次提升，第一步就从这标志性汉拿山的创始老店重新装修开始。设计师利旭恒在空间操作手法上着重于不等比重的空间分割概念，一座看似复杂且层层交错的空间主体结构，透过前后三个独立用餐区、挑高的空间玻璃墙面与巨大的造型灯笼导入中式韩风的设计概念主题，清晰地引导出这座城堡的空间动线。进入接待区就能强烈地感受到设计师为本案创造的如大峡谷般的壮丽场景，用餐区整体空间是由一个个大小相同但是样式不一的座椅构成，前区用餐区的卡座椅与上方的白色大圆灯笼交相呼应，这是设计师特意借此概念无形分隔了用餐区，同时白色大圆灯笼中和了浓郁的烤肉味道，在给人们的味蕾带来满足之时，用视觉的方法来舒缓桌上炭火的炙热触感。

　　此外，环境达到美观效果的同时人均面积更达到了1.8平方米，空间使用率极高，装修造价同时控制在2 300元人民币／平方米。厨房的空间利用也极为合理，这一点使得餐厅营收得以增加，开业后三个月的营业流水就比装修前提高了整整三成。本案例体现了更好的用餐环境就能吸引更多的顾客，这也是设计师利旭恒所说的"好的设计就能体现设计所带来的价值"。

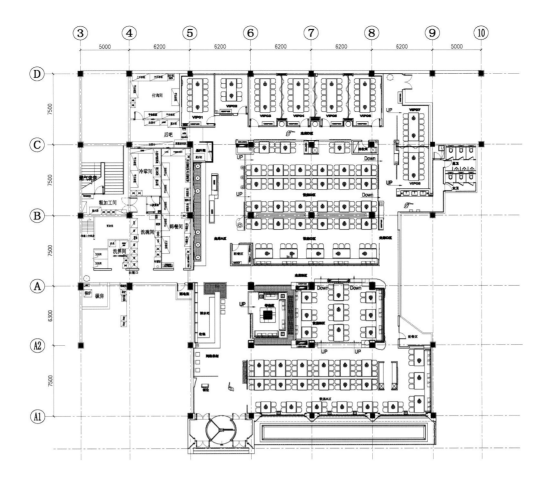

平面布置图

牛公馆
北京佳程广场店
Super Noodle–Beijing Jiacheng Plaza Branch

设计机构： 古鲁奇建筑咨询（北京）有限公司　　**主案设计师：** 利旭恒、赵爽、季雯
项目地址： 北京市　　**项目面积：** 250 平方米
主要材料： 青花瓷大碗、筷子、茶色镜、橡木、LED 光源、中国黑大理石

　　25 年前在台湾成长的孩子对"川味牛肉面"都有共同的记忆……昏黄的灯，浓浓外省乡音的老板，满屋花椒大料与中药材的飘香，大大的青花瓷面碗，每张桌子上都有一桶装着满满筷子的筷桶，滚烫的热汤浮满了黄黄的牛油，能够塞满整嘴的大块牛肉，大口咬下白粗弹牙的面条……这是 20 多年前的回忆了，那年老张已经 70 岁，四川绵阳人，退伍后离家 40 年的老张用对故乡残存的记忆重制出属于他家乡的味道，这也就是今天的台湾川味牛肉面了。

　　当时年轻的我怎么会了解一个离家多年外省四川老兵的心里想着什么呢？"嗯，好吃！"是每回那一大碗一大碗的面带给我最满足的回忆。当 2010 年在北京，一个台湾客户委托我设计一个牛肉面馆，霎那之间当年所吃的老兵的川味牛肉面的回忆倾巢而出，同时也开始了我的筑梦工程———一个充满吃面回忆的面馆。

　　关于本案空间，没有多余的装饰，只有回忆、青花大碗、筷子，热腾腾烟雾缭绕，就是这家面馆的主题，纯粹的回忆，纯粹的吃面。

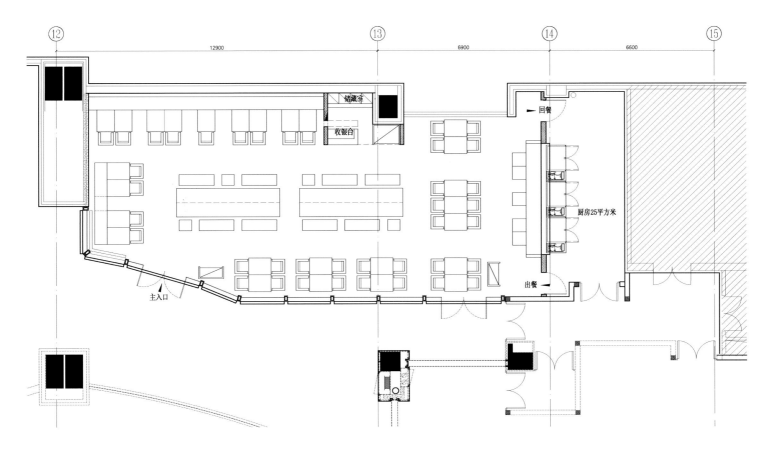

平面布置图

　　"牛公馆"顾名思义即是一家牛肉面专门店，本案位于北京燕莎地区佳程广场大厦三层，这栋写字楼多为跨国企业办公室，三层则为精品餐饮名店区。经营精品牛肉面的"牛公馆"，以时尚与品味生活传统美食文化为诉求，自然跻身于此。

　　设计师利旭恒向来偏爱现代素材与冷线条。北京最早的涉外区——燕莎多年来淘炼孕育出国际化的混血气质，在东西文化冲击中富含耐人寻味的异国情调。此外，"京城文化"特质永远与北京息息相关，因此将现代素材、冷线条等元素移转至这个城市上演时，不免将现代风格糅进老北京情调，演绎契合城市特质的迷人容颜。

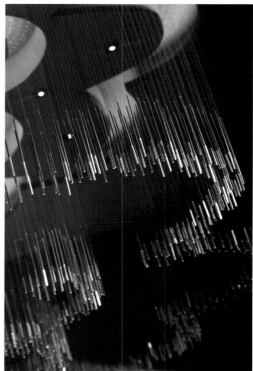

公館
Super Noodle
新面心感受

烹大师烧肉达人

Yakiniku Master Restaurant

设计机构： 古鲁奇建筑咨询（北京）有限公司　　**主案设计师：** 利旭恒　　**参与设计师：** 赵爽

项目地址： 北京市　　**项目面积：** 300 平方米

主要材料： 木炭、钢管、玻璃、LED 光源、花岗毛石、灰黑色地砖

"木炭"净化空气同时净化人心。

设计师利旭恒以烧肉的主要燃料——木炭为设计主题设计烧肉店。

享尽奢华过后的人们需要回归到原点让心灵自我沉淀，　用一种自然根本的态度享用美食。

餐厅环境中再也没有任何多余的装饰，取而代之的是料理烧肉的燃料，经过设计师分割的木炭块状墙体，利用人们丢弃的碎杂木组合而成了餐厅大门。

天花板则是延续了木炭块状墙体的分割，设计师希望以自然环保的绿色设计，引导人们对环境的重视。

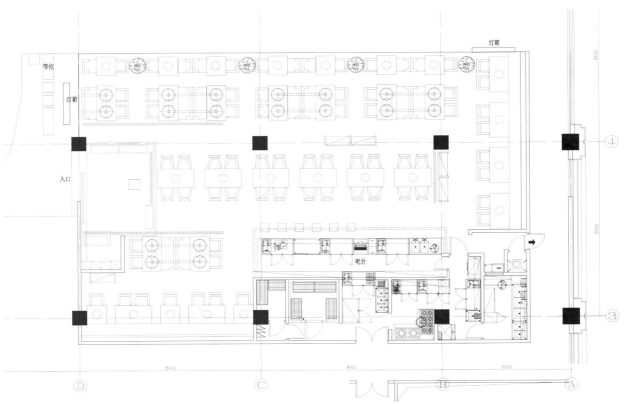

平面布置图

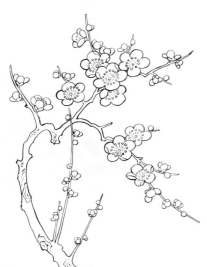

狗不理

Go believe Restaurant

设计机构：北京山川启示室内设计事务所
项目地址：北京市　**项目面积：**1 707 平方米
主要材料：中国黑烧毛、灰麻烧毛、青砖、黑砖、壁纸、夹砂玻璃、软包、作旧木饰面、黑漆木饰面

　　君子大隐，宴市以德，珍品无界，礼待天下。
　　王者必居天下之中，用九，天德，泽四方。
　　——百年老店之所以可以延续至今仍门庭若市、有口皆碑，唯德行最为重要。有德者，居天下。大中至正，奇崛神秀。在空间设计中，特别强调了中国皇家中轴线的营造法则，将所有功能空间分列东西，创造出城中之城的立体时空感觉。均衡的空间分布，使环境沉稳端庄，气势雄浑，云卷云舒如空气流动般的平衡与和谐，使雍容华贵的气度，自然地回荡于空间的每个角落。深入骨髓的古意，消融了古今界限。
　　——水利万物而不争，厚德载物。整体空间依水而筑，傍水而兴，水系迂回的中心位置安放四面吐水龙雕，海水崖江，吞云吐雾。上可翱翔于天，下可清游于水。沉稳内敛，德泽四方。

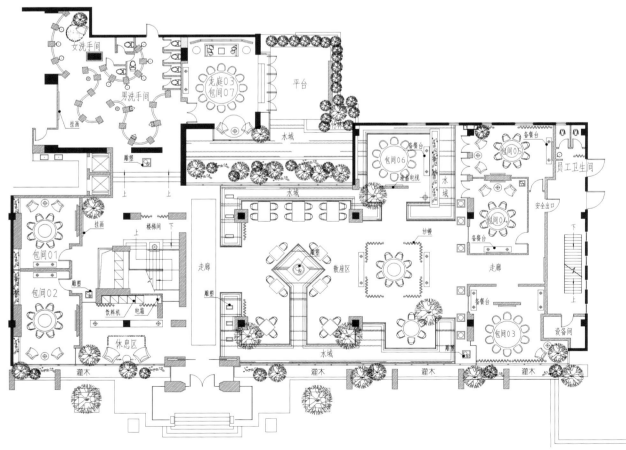

一层平面图

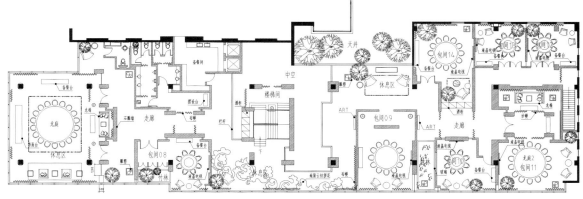

二层平面图

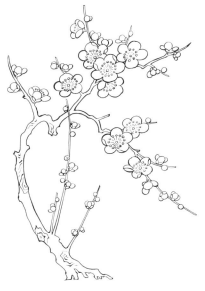

　　低调的奢华，内心自有尺度，显仁藏志，以易衍生息。
　　曲水流觞，演变为整体空间的结构。一层的散台临水而居。包间的墙面被透雕门所替代，可开可合，若隐若现于竹林水影之间，突出建筑的序列感，建构丰富的内容。今次设计的重点是营造大气尊贵的感觉，打开二层与地下室楼板，城垣高垒，通天达地，楼梯迂回而上，平步青云。
　　一方庭院山水，而容千山万水景象，以不说而说，以不听而听。一滴水、一叶花中见万千世界，纵横天地，沧海一笑。金帐笼香斟美酒，银铛融雪啜团茶。
　　萧韵九成的绝代风华，大家风范，名门盛宴。
　　中国古建筑的木架结构，稳重大方，古旧的雕画，有着深邃的东方韵味和生命力。我们用现代的照明手段，将灯具隐蔽其中，或强或弱，或直打或斜射，有层次的灯光，让所有的构件，新的、旧的，各自散发着独特的魅力。
　　沉着优雅的色彩，细润光硬的质感，每一件明式家具都蕴涵着浓浓的生命韵味，它决定着空间的气质。热烈奔放、富贵祥和的中国红，则让空间透露着慵懒高贵的意味。一件件装饰、摆设则在整个空间的贵气中糅入了历史的凝重感。
　　透过富有内涵的环境，安适感受和环境的内在之美，空间沉稳端庄，透出中国精神的本质——实用、和谐、理智。浓郁的传统氛围与东方文脉意蕴，渲染出满室书香，一堂雅气。

翼餐厅
Wing Restaurant

设计机构：动象国际室内装修有限公司　　**主案设计师**：谭精忠　　**参与设计师**：许思宇、何芸妮
项目地址：台湾桃园市　　**项目面积**：一楼 382.8 平方米 、二楼 389.4 平方米
主要材料：石材（印度黑、葡萄牙蓝钻、火山绿、米黄洞石、印度黑金、黑纹石等）、夹膜玻璃、染
色风化木、染色橡木皮、实心柚木、复合式木地板、金属铁件等

　　"鸟群聚集的所在、旅人暂歇的场域"，桃园机场天际延伸出一场艺术赋予空间新意念的表现。南崁"翼"
日式餐厅，产生于这般环境中，给空间一个故事，一段对话，一处温暖。
　　空间故事的起点，长出一株由大树演化，蔓延盘生出似鸟笼的窝树，大树鸟笼盘护着鸟蛋、呵护着鸟群、温
暖着暂歇的旅人。树形的鸟笼孕育着空间的精神，提供养分予众生，空间与心灵共生共息。
　　接着，场域天际间，盘旋飞舞着觅食的鸟群（似旅人），串联着整场一、二楼空间；鸟遇山（一楼端点：意
象山形的光墙；楼梯衔接：层叠似云似山的光带），鸟遇水（一楼寿司吧：漫流的吧台瀑布），鸟遇花朵（空间
点缀的装饰），完整表现出空间与艺术品的相互辉映与对话层次。
　　餐厅空间共生着取材自然元素的意象表现，除了为食客提供一处妥帖的用餐环境之外，也为满足食客们的视
觉飨宴，以低调幽暗的空间氛围对比菜肴的精致与艺术品的装点，将生理与心灵上的满足感拉到最高点。

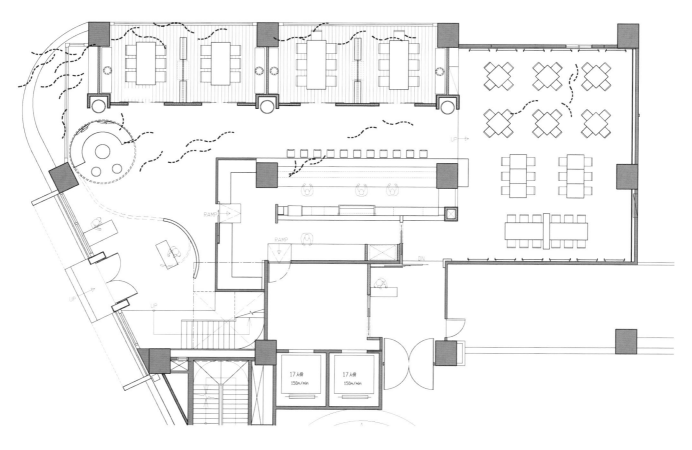

一层平面图

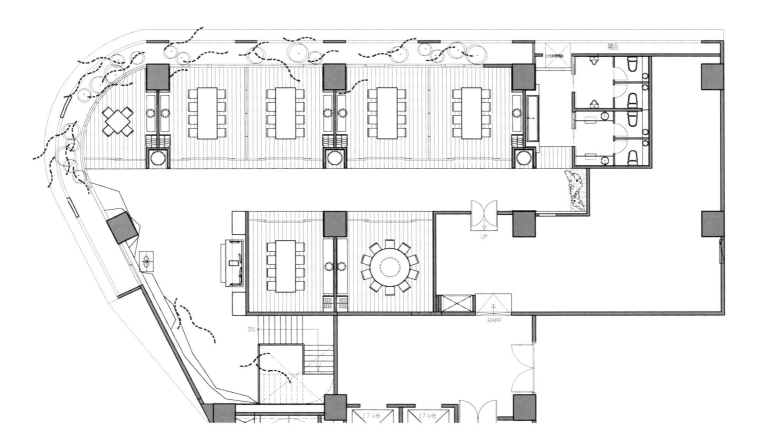

二层平面图

　　一楼用餐区部分空间挑高四米八，整体空间均用低彩度沉稳色系营造，为食客提供一进门即感受一份宁静与舒适的用餐氛围。设计上共布局三组形式（包厢区 、 板前料理区 、 散桌区）以满足不同人数与类型的食客的用餐需求。

　　一楼主入口进门的右侧为连接至 2 层用餐区的行进动线，整组楼梯墙面装点着以铁板层叠层次错落呈现之艺术创作，设计上取材于席德进画作《石门水库》，是一幅意象上渲染飘渺山形且色系空灵的大作。设计创作表现上，在铁板层次间安装 LED 灯带点出线条的轮廓表现，在行进走动间感受其空间气势。

　　二楼均为包厢区。设计上以温暖木质色系的调性，呈现与一楼空间的区别。二楼前区空间作为进入包厢前的转折区，也可用作不干扰用餐的谈话空间。

亜太餐庁 / Oriental Styl

赤坂日本料理

Akasaka Japanese Restaurant

设计机构：品川设计顾问有限公司　　**项目地址**：福建省福州市　　**项目面积**：350 平方米
主要材料：黑钛、水曲柳木饰面、砂岩、瓷砖、金刚板、青石

　　在日式风格的设计理念中，设计师一般比较注重体现浓郁的日本民族特色，在选料上注重质感的自然与舒适，常选择木格拉门、地台等元素来表现其风格的特征。在本案设计中，设计师除了保持日式餐厅的传统风格外，更增添了一些现代时尚的符号。

　　餐厅内部环境雅致且轻松简约，布局独具匠心，散发着东方古朴的异域风情。主要材料为日式中常见的木质材料，将不同颜色质感的木质融合，配合砂岩、金刚板、青石等比较刚毅的元素，其刚柔并济的视觉效果为我们带来幽雅舒适的就餐环境。在布局上，设计师运用完美的衔接技巧，使得每个区域都功能明确，却没有硬性的区分界限，一切显得那么自然融洽，吸引着人们去细细探究。

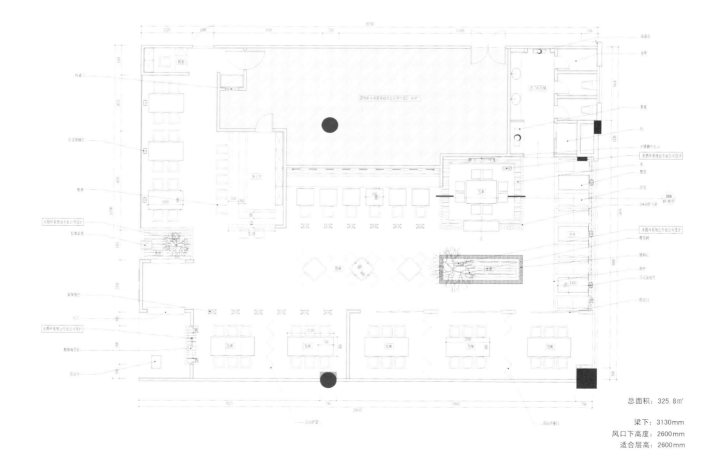

总面积：325.8㎡

梁下：3130mm
风口下高度：2600mm
适合层高：2600mm

平面布置图

　　惊艳不需要绝对的夸张，细节的完备才可以成就个性的完美。在这个 350 平方米的空间里，设计师将时尚与传统的符号相互融合，巧妙地运用到每一个环节，趣味和创意如舞动的精灵一般吸引着人们的眼球。餐厅里随处可见的浪漫樱花，精致考究的吊顶与吊灯，流淌着灵动气息的水池与鹅卵石，带有浓郁日式风格的屏风与拉门，还有那些造型优美且高雅舒适的餐椅，都是餐厅最吸引人的亮点，体现了设计师独具的匠心。

　　无论是身处时尚典雅的大厅，还是围坐在日式风情的榻榻米包房，触摸它动人的情调、略显神秘的气氛，在这个轻松流动的空间里，感受着一种高品质的生活，那是一种格调，同样也是一种人生。

樱之盛宴日本料理

Cherry Banquet Janpanese Restaurant

设计机构：吉林省长春装饰设计院　　**主案设计师**：刘博　　**项目地址**：吉林省长春市
项目面积：900 平方米　　**主要材料**：实木雕花、实木面板、硅藻泥、瓷砖

　　餐厅定位于商务、宴请、好友相聚等高端消费模式，设计摒弃一般人对高档餐厅豪华烦琐的感觉，改以古朴、细腻的手法来营造空间。墙面采用以大面积仿天然石壁质感手法做出的环保装饰材料，并用精致的灯光来渲染，使整个餐厅透露出古韵低调、奢华的感觉。一层天花运用仿实木地板与镂空雕花手法将整个顶面贯穿起来，虚实搭配，错落有致，优美而有序的直线成为整个餐厅的亮点。二层以江户时代幕府家族庭院式设计手法加以禅意枯井池的搭配让整个空间浑然天成，给宾客留下深刻的印象。

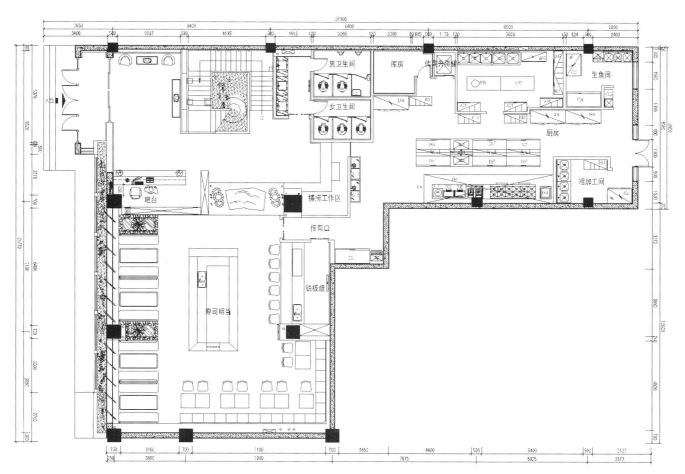

一楼平面图

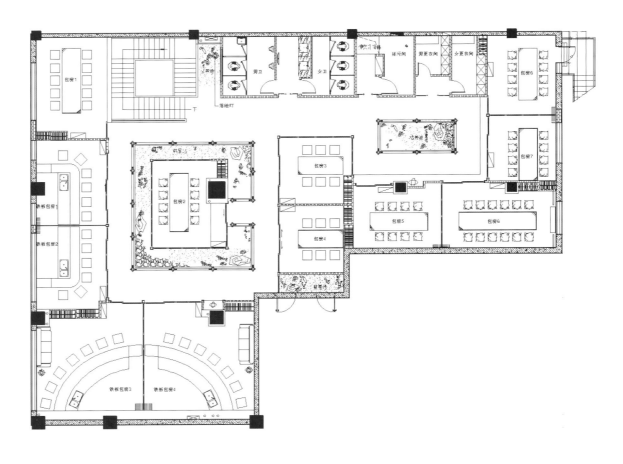

二楼平面图

SAKATA
酒田日本料理店
SAKATA Janpanese Restaurant

设计机构：苏州叙品设计装饰工程有限公司　　**主案设计师**：蒋国兴
项目地址：江苏省昆山市　**项目面积**：380 平方米
主要材料：黑檀木、中国黑砖、布纹玻璃、毛面锈石、不锈钢管等

业主期望设计师在设计时能保留精致品味的日本文化的同时，更能有所创新。因此，本案的设计理念确定为时尚的、潮流的、个性又不失严谨的日本餐厅文化。

设计师在材料的运用上保留了日本文化中朴实无华的特点，如采用天然毛锈石及粗面花岗石等，又融入一些镜子、马赛克等时尚材料。室内设计风格体现新旧交替、日西合璧之思路，气氛较为时尚、自由，营造了一个多元化饮食空间。入口的景观走道是从日本家喻户晓的民歌《北国之春》中得到的灵感而采用的斑驳无华的白桦木装饰，其设计不仅吸引着店内的顾客，也能对店外的人们制造很强的视觉冲击。

在感受《北国之春》那淡淡的白桦木余香的时候，餐厅的自动门也缓缓移开，气氛瞬间变得热烈起来。料理店的多功能大厅采用了更多的天然材料，木质的日式隔断、木质餐桌和日本特色的吊灯，给人以返璞归真的感觉。

包厢的设计采用了中庸手法，并不哗众取宠，色彩柔和，以日本家居装饰为蓝本，温馨的氛围为就餐者提供了舒适如家的感觉。通往卫生间的毛锈石走道也是本案的一大亮点，顶上镜面玻璃的运用，提升了空间高度，同时营造出丰富的空间层次。

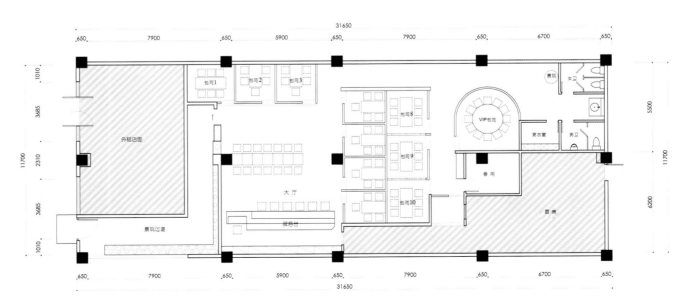

平面布置图

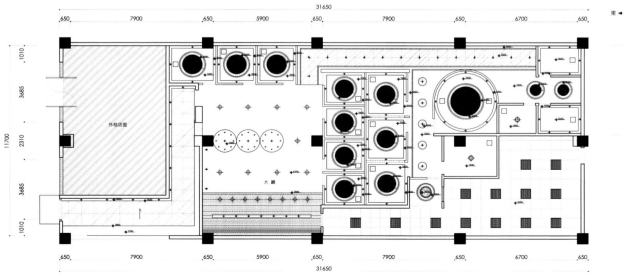

天花设计图

苏州酒田日本料理

Suzhou SAKATA Janpanese Restaurant

设计机构：苏州叙品设计装饰工程有限公司　　**主案设计师**：蒋国兴
项目地址：江苏省苏州市　　**项目面积**：450 平方米
主要材料：青石、灰瓦、灰砖、中式灯笼、木质花格

　　苏州开发区中心地带的酒田日本料理是昆山酒田日本料理的分店，作为公司的第一个案子，昆山酒田店主给予我们的支持，至今历历在目。此次苏州酒田案子业主夫妇同样全权委托我们设计装修及制作后期配饰，我们同样全程专注。

　　比起之前昆山酒田打造的传统日式文化的简朴，这次苏州酒田则是现代中的低调与内敛。以现代主义手法，运用新技术材料表现日式文化的本质特征：精练的语言，丰富微妙的光影变化，朴实无华的色彩对比。苏州酒田虽然取意日式文化，但充满了现代主义精神和审美情趣，对材料进行了大胆自如的运用。比如：用钢构制作三米多高的移门，用大面积的复合地板铺设墙面及天花，通过半通透黑色钢构的隔墙形成虚实衬托的意境，意趣盎然。

新东方火锅店
New Oriental Hotpot Restaurant

设计机构：吉林省六合建筑装饰设计有限公司　　**主案设计师：**李文
项目地址：吉林省长春市　　**项目面积：**1 200 平方米
主要材料：青花瓷、水泥、灰瓦、灰砖、防滑地砖、石膏板、玻璃、镜片

　　本方案以中国传统文化中的水墨丹青和如意瓶造型元素为基本设计理念，结合现代表现形式，充分体现材料与现代空间的结合。通过对白色天棚和地面（宣纸）灰瓦、水泥（墨）、红色藤条（丹）以及青花瓷盘（青）的运用组合，力求营造出一个充满中国水墨画意境的概念性新餐饮环境。

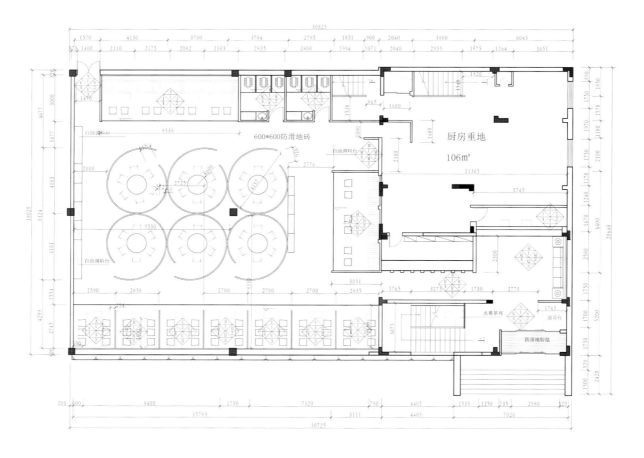

一层平面图

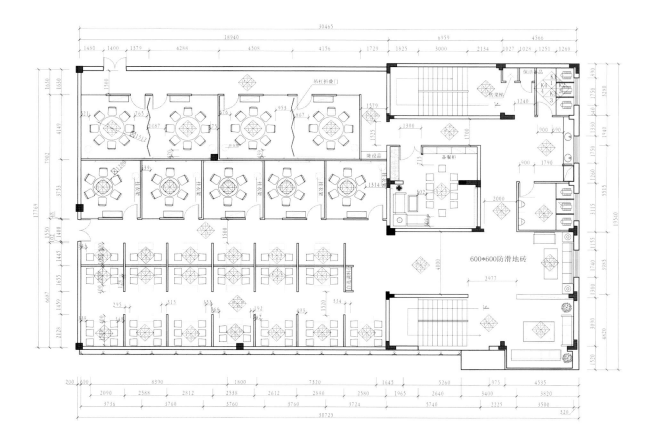

二层平面图

宴遇 乡水谣

Yanyu Xiangshuiyao

设计机构：无锡市上瑞元筑设计制作有限公司　　主案设计师：孙黎明
项目地址：江苏省无锡市　　项目面积：800 平方米
主要材料：大理石（黑木纹、爵士白、彩云飞）、实木复合地板、地砖、水曲柳染色、墙纸

　　本项目位于无锡中央商务区核心、商业氛围浓郁的保利广场三楼四楼跃层空间，营业面积 800 余平方米，在寸土寸金的摩尔业态中单体体量优势明显，对城市白领、小资消费者具有强大的吸引能力。

　　本案设计原初来自业主对"康美之恋"的情境感受——一个属于风尚阶层清新浪漫的美丽情愫。所以在调性定位上设计师以风尚主流人群身心诉求为核心，以大面积的蓝色为色彩基调，营造了知性、浪漫、高雅、明快、清醇的时空感。

　　整体上，本空间在完成业态布局等功能需求的基础上通过色彩的运用、元素的演绎综合勾勒出一个故事性丰满的情感化就餐环境。

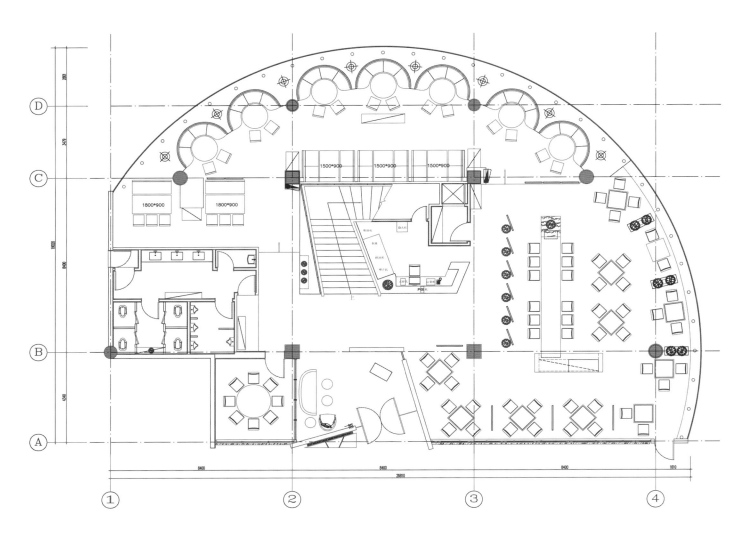

一层总平面图

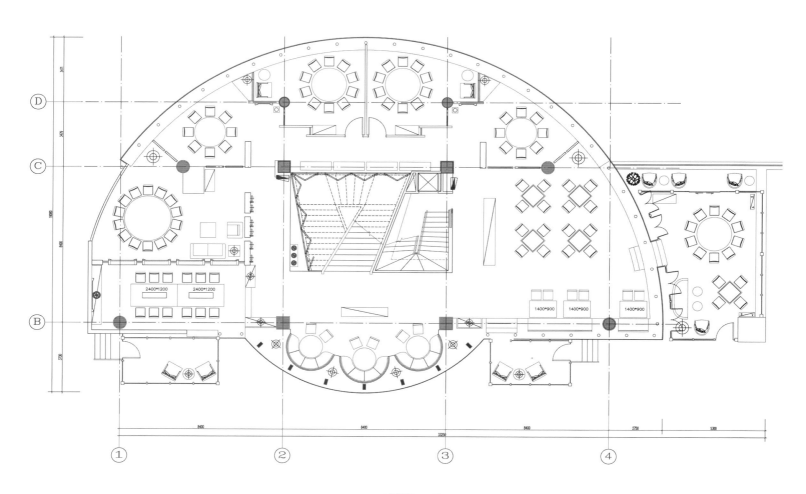

二层总平面图

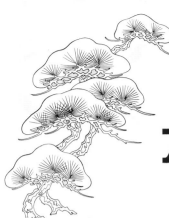

大董 金宝汇店

Dadong–Jinbaohui Branch

设计机构：北京山川启示室内设计事务所　　**项目地址：**北京市　　**项目面积：**3 000 平方米
主要材料：乳胶漆、中国黑烧毛石材、黑不锈钢镂空雕刻、竹子、亚克力造型、山水玻璃

　　随类赋彩，文温以丽。
　　水袖轻舞而有拂云之势，"永和九年，岁在癸丑，暮春之初，会于会稽山阴之兰亭，修禊事也。群贤毕至，少长咸集。此地有崇山峻岭，茂林修竹，又有清流激湍，映带左右，引以为流觞曲水，列坐其次。虽无丝竹管弦之盛，一觞一咏，亦足以畅叙幽情。是日也，天朗气清，惠风和畅。仰观宇宙之大，俯察品类之盛，所以游目骋怀，足以极视听之娱，信可乐也 。"
　　《兰亭序》辞采清旷，文思幽邃，如行云流水般表达着中国文人特有的超然玄远的深情与风采。我们更将这份从容不迫、潇洒俊逸的气度，融入到整个空间设计之中。文人宴乐的情怀，那是一种悠然而精致的生活方式。大董烹饪艺术与空间艺术完美融合，激活了人们潜在的味觉审美意识与视觉审美意识，烹饪艺术在本质上就是创造的艺术。曲水流觞、儒衣纶巾、落英缤纷，缭绕其间的是高山流水，广陵遗韵。在这种浪漫、淡然、温润的琴弦触动之后，心境已被那盏烛火浸润得更富丰韵。中国水墨画是写意的、传神的，气韵生动之中是心灵的情态自由。纵笔挥洒，墨彩飞扬，黑与白、浓与淡的变奏之中，空间亦如水墨写意。笔与墨合，情与景合，情景交融。中国水墨画是诗性的，"诗有别趣，非关乎理"。一首词、几句诗都以投影的形式，贯穿整个空间。画中有诗，诗中有画，暗合中国古代文人水墨画之哲学。墨色美在单纯之中蕴涵了万物的光彩，大董空间犹如水墨写意之作，虽逸笔草草，却往往有笔外之笔、墨外之墨、意外之意，看上去漫不经心，但却耐人寻味。水墨淋漓，烟云满纸。

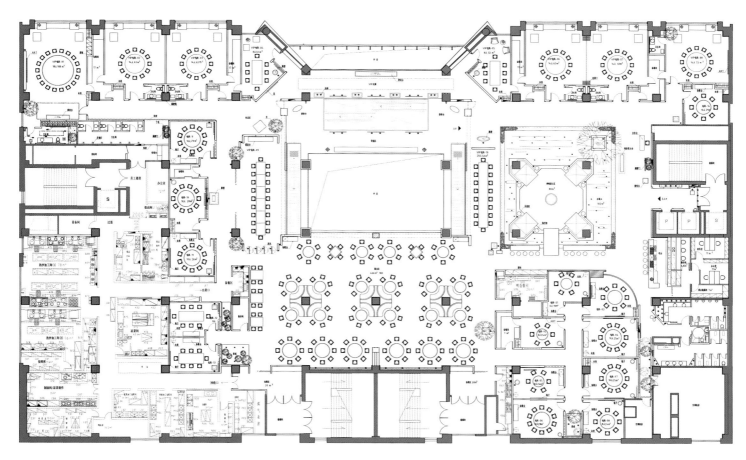

平面图

气韵生动。

"气者，心随笔运，取象不惑。韵者，隐迹立形，备遗不俗"。从意境到神韵，从意象到造象都息息相通。不似之似的意象造型与中国古代绘画美学法则如出一辙。

中心水景与鸭炉水火交融，仿若一青黑玉白的玉蚌，静默于水皆缥碧之间，偶有炊烟袅袅，宛如清悠思绪旖旎而行。依水而坐，水影斑驳，眼前忽明忽暗，都市的繁杂喧嚣器在此刻腾然而去，仅留一方清静在心。

浮云般的写意花朵，在散台区上任意绽放，"秋菊有佳色，一露掇其英"，陶渊明笔下的诗句此刻令人心领神会，心中又好像是被谁的指尖轻轻一点，碧波荡漾起了阵阵涟漪。"青林翠竹"，四个字隐现于水景散台边静谧的一角，虽无竹，却已感受到"绿竹半含箨，新梢才出墙"的诗境。见仁见智，浮想联翩，静静地品味着属于各自的一方景致，一方天地。山水玻璃隔断，水色天光，墨色迷离，尽素淡之雅，呈天地本性之美。人虽未至其中，然心向往之。"风烟俱净，天山共色。从流飘荡，任意东西。鸢飞戾天者，望峰息心；经纶世务者，窥谷忘反"。这是一种淡泊人生和超脱世俗的禅意。望着那餐桌上静静盛开的幽兰，清婉脱俗，"幽兰生前庭，含薰待清风。清风脱然至，见别萧艾中。"

厨房制造
Kitchen Manufacture

设计机构： PANORAMA 泛纳设计事务所　　**主案设计师：** 潘鸿彬、谢健生、陈凯雯
项目地址： 江苏省徐州市　　**项目面积：** 1 333.3 平方米
主要材料： 紫红色光纤、水泥壁、木材、生铁、皮革

　　"厨房制造"位于中国徐州的繁华闹市，是一间新开设的中餐厅，为广大顾客供应各式精美新派中菜。
　　餐厅分上下两层，面积为 1 333.3 平方米。由于面向繁忙街道，使户外景观受到限制。因此在设计中采用了独特的空间语言制造了各种人工景观，大大美化了餐厅内部环境，使顾客在享用美食佳肴时犹如置身于美丽的国画山水之中。
　　情景包括云、鸟、石（楼下酒吧）、山（楼梯井）、月光（二楼吊灯）、屋（二楼贵宾房）、瀑布和夜晚星空（二楼洗手间）。
　　上述景观使整体洋溢着文化气息。
　　游笼式梯井提供了与二楼的垂直连线，打横的"之"字形图案围栏，全高的黑木结构和隐藏的梯间灯槽营造出置身于国画中爬山登高的意境。"之"字形落地白色金属屏风和随意点缀的方块形成了间隔和流动的感觉。客人不同的视线可将自己与大众分开而享有充分的私人空间。
　　层次色调的改变演绎了中国空间层次的定义，楼下是光亮的黄色，而二楼是深红色。私人空间分别由楼下敞开式的酒吧及二楼的公众大厅到半开放式的圆形包座而至私人贵宾房。
　　一间餐厅成功的关键是能使顾客在优美的环境中舒适地享用美食佳肴。"厨房制造"正是以此为目标将美食带进更高的文化层次。

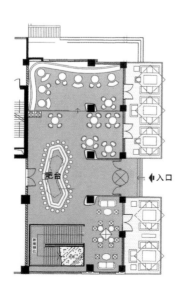

一层平面图

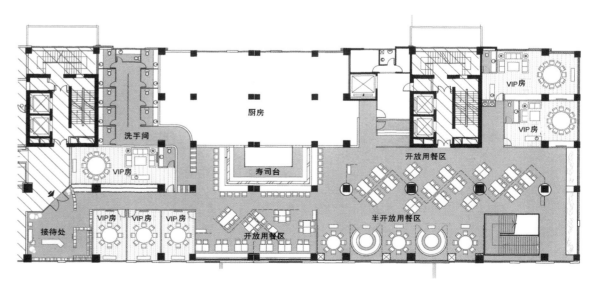

二层平面图

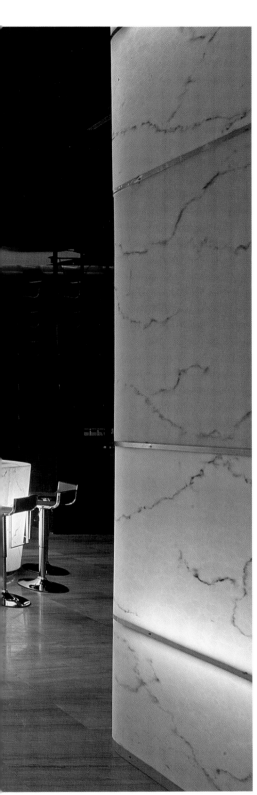

大董餐厅
南新仓店东区

Dadong–East of Nanxingcang Branch

设计机构： 经典国际设计机构（亚洲）有限公司　　**主案设计师：** 王砚晨、李向宁
项目地址： 北京市　　**项目面积：** 1 400 平方米
主要材料： 印刷玻璃、硅藻泥涂料、黑色抛光地砖、黑钛不锈钢板

　　大董餐厅南新仓店位于北京明清两代的皇家古粮仓群。本项目作为新扩建的部分，包含一个多功能厅及四个高档独立包间。
　　竹是这个新区域的设计主题。中国山水画中的散点透视手法被运用于整个空间，竹的近景、中景、远景同时融于一个空间之中，形成了丰富的层次和景深。最新技术的运用，将中国水墨艺术的淋漓和洒脱发挥到了极致，水与墨、黑与白在极度超现实主义的空间中互相渗透。墙面与地面发光的竹叶，通过 LED 照明控制系统来变幻色彩，营造不同的自然场景，感受四时的变化。使用的主要材料都是当地的和可再生的自然材料，并融入了设计师对中国传统文化的认知及思考。我们希望用水墨来表达隽雅的趣味和韵味，打造纯正的中国式的充满东方文化与智慧的经典空间。

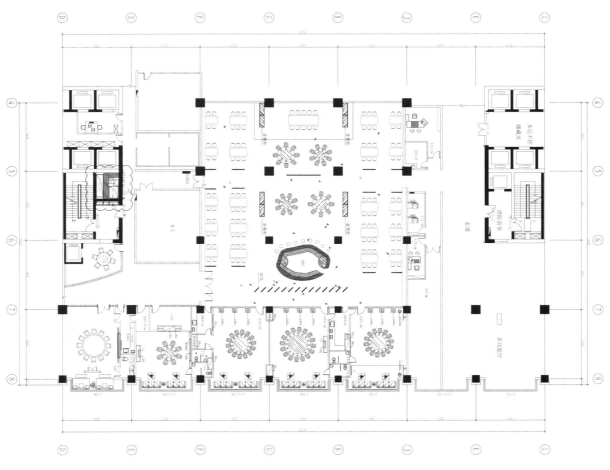

平面图

旺顺阁
品·味餐厅

Wangshunge Pinwei Restaurant

设计机构：北京山川启示室内设计事务所　　**项目地址**：北京市　　**项目面积**：1 100 平方米
主要材料：灰麻石材、橡木、老榆树、黑金沙、青砖、壁纸、软包

因地制宜，随类赋彩，君子大隐，显仁藏智，以礼宴天下。
流光璀璨，冰境禅心，空谷幽远，圣水鸣琴，交融无尽象。

　　藏在细节处的美，是生活质量永远的追求，而疏离隔透的空间所呈现的细节完美主义，却是一种内心深处的情怀。千年之前，万年之后，萦绕不散的高贵气质永远都是优雅生活所追寻的主题。她是衣褶间柔软的质感，她是眼梢迷离的美丽。一切的情愫，美得让人激荡，一丝一缕如纱如水，每一个弯曲、回巡都蓄藏着情绪和感觉。清雅的色系加上解构主义的空间关系，使得餐厅的空间流露出由绚烂归于沉稳的气质，优雅而高贵。而一点灵动的金色则转瞬间产生了令人惊奇的视觉效果。
　　空间其实是人性的一种形象化，是生活方式的一种空间表述。一个空间的创造是一种对全局的控制和把握，在使用上必须符合功能要求，以达到舒适的感觉，好的故事不会平铺直叙，精彩的空间也一样。它总是在不经意中泛出种种内敛的风情。而优雅本身就是一种时尚的生活态度。

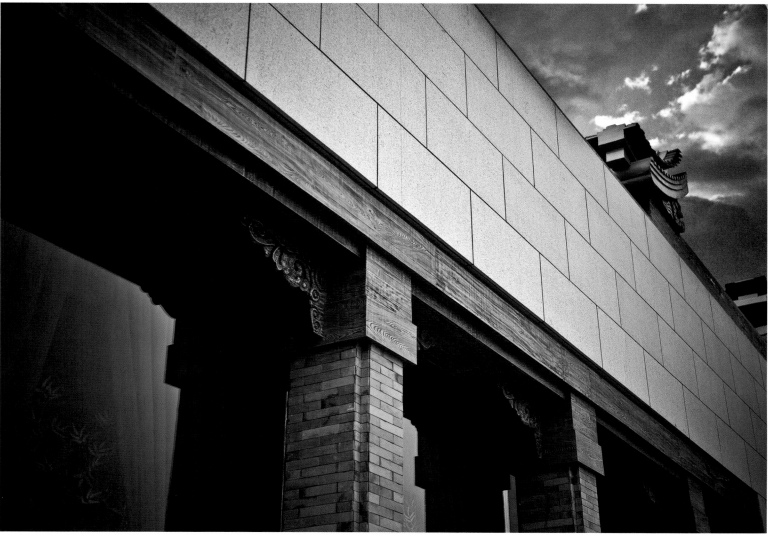

平面布置图

肴肴领鲜饮食会所

Yaoyao Lingxian Eating Clubs

设计机构：北京屋里门外（IN·X）设计公司　　主案设计师：吴为　　项目地址：山东省东营市
项目面积：2 200 平方米　　主要材料：条石灰麻、青石板、仿真草皮、木条、金属方通

　　本案是以健康饮食及宴请文化为主题的餐饮空间，以现代中式风格作为设计主题，大量具有中国古典韵味的装饰材料运用在整个空间中，并在其中加入时尚的现代元素，既体现了中式装修风格的韵味和文化，也令这一风格能够更加符合现代人的审美。

　　绿色空间的概念，是本案中重要的设计元素。大量陈列的花草植物、大面积仿真草皮装饰的墙面以及开放式就餐区顶部的松果吊顶，这些随处可见的自然元素，都表现了肴肴领鲜饮食会所的主题概念，将自然原汁原味地呈现在食客面前。

　　配合当下人们对生活品质的高要求，设计师在空间中大量运用山东本地出产的黄麻及青石板等天然石材，就地取材的方式更能够体现出低碳环保的设计概念，也与本案中健康自然的设计主题相契合。

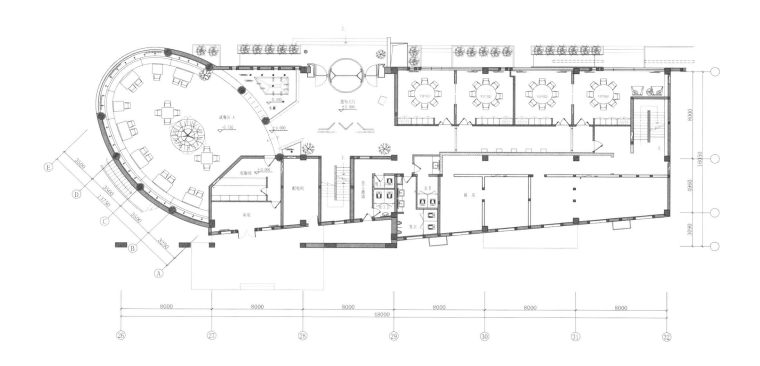

一层平面图

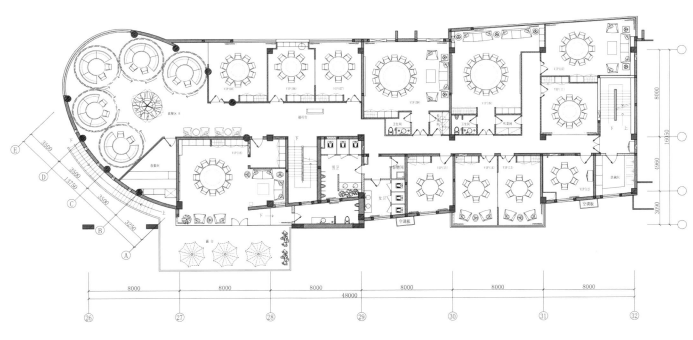

二层平面图

乡村铁板烧
Rustic Tappasaki

设计机构：大间空间设计有限公司　　**主案设计师**：江俊浩　　**参与设计师**：李欣、萧以颖、侯秀佩
项目地址：台湾台北市　　**项目面积**：109 平方米
主要材料：生铁板、铁条、造型砖、反射镜、石材、柚木皮板

　　空间的概念来自于"人的动、物的静"两种不同形态所呈现影像交错的视觉美感，将人的肢体动作所产生的移动轨迹表现在静止的空间中，意欲创造出既和谐又对立的空间表现。设计者运用生铁格栅搭配水墨意象端景打造出低调隐约的静态意象，意图在喧闹的行为空间中延展出静态的环境氛围，以设计操作达到框景与丰富空间层次的目的，在空间开阖窥隐之际一览线条的趣味。

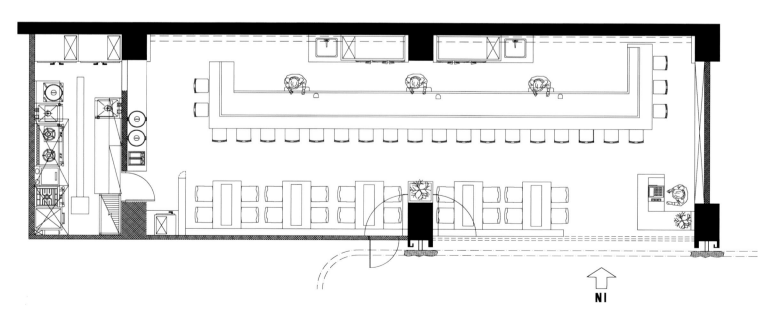

平面图

新紫阳大酒楼

New Ziyang Restaurant

设计单位：福建国广一叶建筑装饰设计工程有限公司
主案设计师：金舒扬、林祥通、林圳钦、刘国铭、陈垚、陈剑英　项目地址：福建省福州市
项目面积：约3 500平方米　主要材料：木饰面、原木、软包、镜面、不锈钢、金箔等

　　本案设计的是福州一个四星级酒店的酒楼，设计师根据业主本身的中式概念，运用中式的路线，并加入比较现代豪华的成分，不刻意追求富丽堂皇的感觉。为了体现福州的地域文化，酒楼在设计的时候运用了一些有福州特色文化的元素，如福州的漆画，包厢的大门运用了老福州特色的门套和墙面石材的拼缝方式以及一些福州文化特色的花格等。酒楼的包厢名称以全国省会的名字命名，寓意为"海纳百川，包容四海"。酒楼设计主要以包厢的形式出现，走结合餐饮、休闲、KTV为一体的经营路线，客人不但可以在里面吃饭，还可以唱歌、打牌等。

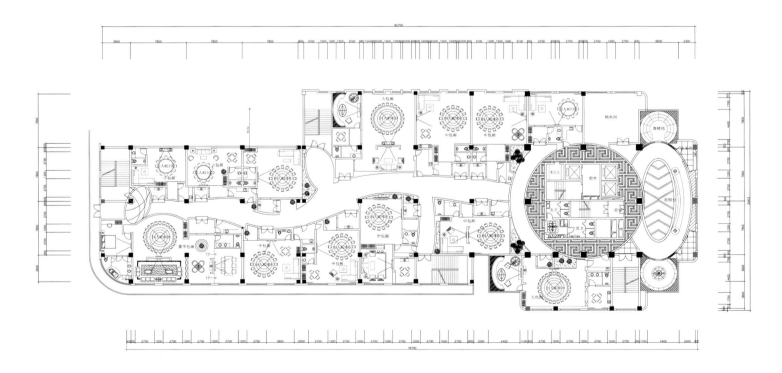

平面图

中华炖品餐厅
Chinese Stew Restaurant

设计机构：北京山川启示室内设计事务所　　**项目地址**：北京市　　**项目面积**：1 126 平方米
主要材料：中国黑烧毛、灰麻烧毛、青砖、黑砖、壁纸、夹砂玻璃、软包、做旧木饰面、黑漆木饰面

夫筑城郭，因地制宜。

高者其气寿，地势相生，物运有为。

当进入一个空间，人的行为和情感会不由自主地被空间所传达出来的精神引导。创造一个空间，并赋予它怎样的精神，便决定了一个空间的功能和结构。"中华炖品"是天津狗不理集团旗下另一个餐饮品牌，菜品以中华传统炖品为主，选料考究，极致奢华。它向人们传递一种雍容、尊贵、优雅的精神讯息。整体设计厚重大气，有着浓厚的文化积淀和时空容量。在赋予空间精神意念的同时，强调结构的体量感，突出有层次的空间结构，以现代的施工工艺和材料，表达文脉意象，营造沉稳奢华浪漫的空间概念。

底层平面图

夹层平面图

建筑结构感的序列空间   浪漫奢华的古堡情怀
Adeco 建筑形式融入室内空间，显现出浪漫高贵的气质。华丽的布幔被轻轻挽起，时间、地域都已不再重要。在斑斓光影的映衬下，典雅的水晶灯、古朴的铸铜柱头、银色的锻铁条几、动物皮毛的沙发，遥远的贵族情绪弥漫整个空间。远处水面上的巨幅画面中，女神狄安娜鸣号而驰，古老的爱情故事映入眼帘。
　　飘渺于生命的内在   日月光泽的精魂   珍藏经典   品鉴优雅的生活品质
　　藏酒是一种乐趣，一种生活态度。地下酒窖，铸铜雕刻压顶的玻璃酒架，分隔出疏离隔透的空间，惬意而优雅，呈现出细节的完美。浓烈的丝绒点缀着天花，马皮图案的壁纸装饰了墙面，温和的古典家具展现贵族气质。温润的咖啡色系，柔和历练不失优雅。低调中蕴涵高贵质量，儒雅尊贵、雍容大度。
　　淳淳儒雅的大家风范   书香满堂   意蕴深远
　　沉着优雅的色彩、细润光滑的质感、沉稳端庄的书架墙，光影游弋的镜面天花，加上水晶灯璀璨的晶莹，营造出优雅奢华的空间气质。步入书房，壁炉中的火苗、华贵的沙发、贵气十足的镜面烛台，静静地展示着中世纪的浪漫典雅。

一层平面图

豪门吉品鲍府
阳泉店

Haomenjipin Abalone Restaurant–
Yangquan Branch

设计机构：山西南方装饰艺术设计院（有限公司）　**主案设计师**：张震斌　**参与设计师**：季斌
项目地址：山西省阳泉市　**项目面积**：1 200 平方米
主要材料：大花白石材、毛石、黑檀木、金箔、铜雕等

唇齿间的奢华，尽在鲍府……
贵族的风格格调，注入全新的东方文化……
六合之外，圣人存而不现，梦境中的华丽乐章淋漓尽致……
府第的奢华，让这里所有的贵宾尽显高贵！
豪门吉品鲍府，一个完美的传说……
　　本案的设计，运用了白、咖啡、铜、红、黑的色彩体现了全新的设计文化与理念。在设计中，五个餐包代表
了中国古代五位皇帝，他们分别为唐太宗、宋徽宗、元太祖、明太祖、清圣祖。在软装上运用明式椅柜、新中式家具、
古典雕塑，使空间本身更具有品质，凸显主题。在设计手法上，"极简"主义在这里得以升华，"贵气"在这里
无处不在……

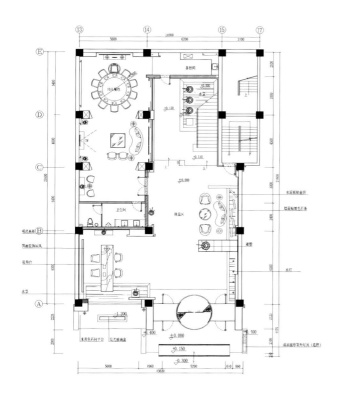

一层平面布置图

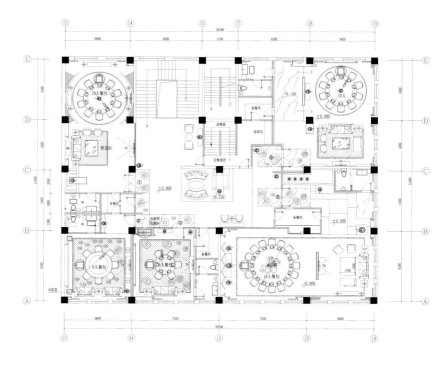

二层平面布置图

太鼓判

Taikobann Restaurant

设计机构：TBDC 台北基础设计中心　**主案设计师**：黄鹏霖、黄怀德　**项目地址**：台湾台北市
项目面积：165 平方米　**主要材料**：旧木料、矿纤板、铁件、明镜、石材、宣纸

　　本案位于台北内湖，为一家日式关东煮餐厅。在具现代感的钢构建筑空间内，TBDC 利用自然原木材质、有规划的灯光照明安排，细腻地营造出温暖优雅的日本风情。没有冷冰冰的玻璃门隔绝内外空间，TBDC 巧妙地运用门前大型酒桶与醒目的红色布幔揭开了迎宾意象，开放式的料理区以及吧台座位区则拉近喜爱交朋友的老板与顾客之间的距离。美味的料理、亲切的服务以及简单温暖的空间，使太鼓判成为上班族下班后小酌放松的首选。

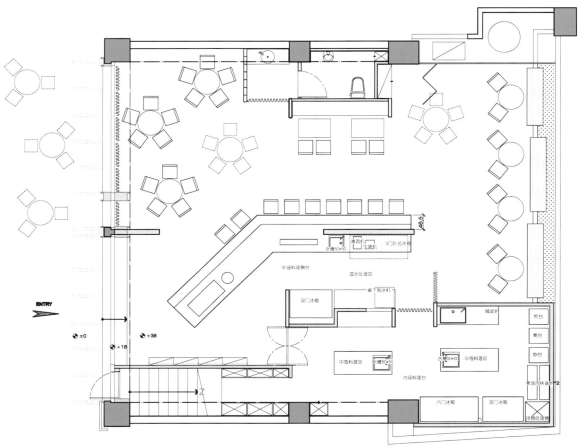

平面图

MY WDYG
时尚火锅料理餐厅
MY WDYG Fashion Hotpot Cuisine

设计机构：御王 YUWANG 香港亚太设计研究有限公司　　**主案设计师**：王崇明、何巧艳
项目地址：浙江省杭州市　**项目面积**：250 平方米
主要材料：火烧花岗岩、黑白根大理石、丝绸硬包、烤漆玻璃、水曲柳套色

　　后退斜进门的方式，引导客流，店面时尚现代的肌理造型配合镜面不锈钢 LOGO，黄金比例分割的钛金不锈钢门框以及大面积的钢化玻璃，无一不给客人在空间上和视觉上强大的冲击；等候区色彩鲜明的现代配饰避免了门厅的局促感。
　　造型主题墙、自助料理台、海鲜展示台延续同一沉稳基调。石材台面洁净、清爽，绿色植物的点缀打破原有的生硬、冷寂。半通透的软性隔断，舒适的软包卡座增加隐蔽性。进入就餐区，以烤肉台及装饰酒柜为视觉中心，在沉稳的基调上配以不规则的吊灯和灯饰又张弛了活泼与跳跃。尽情演绎现代都市男女的风尚。
　　色彩鲜明的皮质餐椅、墙面的艺术处理、细节的搭配，都围绕着整个餐厅精致时尚的主题与基调。色彩的明艳静止，味道的生发收敛，声音的波洒清平，意境和眼界，矛盾与适度，背离与回归……

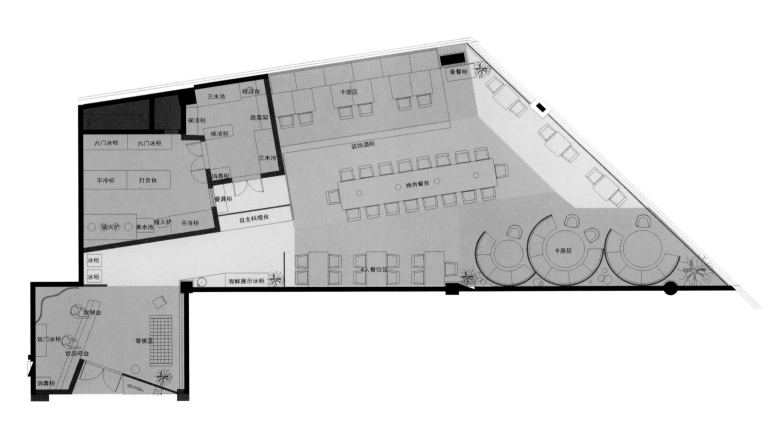

平面布局与分析

麻辣诱惑
上海梅龙镇店

Spicespirit–
Meilong Village Branch Store, Shanghai

设计机构： 古鲁奇建筑咨询（北京）有限公司　　**主案设计师：** 利旭恒　　**参与设计师：** 赵爽
项目地址： 上海市　　**项目面积：** 800 平方米
主要材料： 不锈钢管、玻璃、毛皮草、LED 光源、爵士白大理石、黑白根大理石

麻辣诱惑在上海又刮了一场麻辣风暴，狂野得令人窒息，不锈钢管环绕着每一个圆卡座，让用餐的人们感受身处都市丛林之中，人心的沉淀需要彼此坦诚相待，卸下心防，回归真实，奉献给对方最真实的自我。

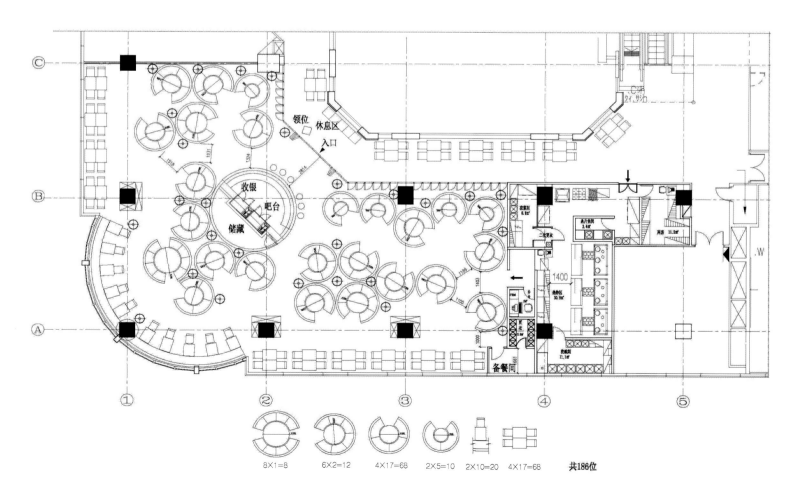

领位
休息区
入口

收银
吧台
储藏

1400

备餐间

① ② ③ ④ ⑤

8X1=8   6X2=12   4X17=68   2X5=10   2X10=20   4X17=68   共186位

平面图

麻辣诱惑
上海淮海中路旗舰店

Spicespirit–
Mid Huaihai Road Flagship Store, Shanghai

设计机构：古鲁奇建筑咨询（北京）有限公司　　**主案设计师：**利旭恒　　**参与设计师：**赵爽
项目地址：上海市　　**项目面积：**3 000 平方米
主要材料：不锈钢管、玻璃、毛皮草、LED 光源、爵士白大理石、黑白根大理石

　　设计师利旭恒的黑色幽默使整体空间有了共同的语汇，不仅整合了原本凌乱的空间，而且多了几分低调的奢华感，使人们在用餐时享受的不仅仅只是美味的餐食，还有无可比拟的设计师特意留下的对食客的敬意。

　　二层为酒吧用餐区，在酒吧个案中，吧台经常被定义为主体空间的单位收纳与凝聚。相较于一般餐饮空间惯用的空间配比分割，设计师利用主体借由原空间的挑高层次做纵向贯穿，而后进行几近等比的 1:1:1 分割，区隔出三个不同的机能用餐与饮酒空间使用。局部挑空的主体楼梯，在延伸背墙的纵向引导下，单纯地连接上（三层包房区）、下（首层用餐区）空间的对应关系。

　　在三层中的空间配置，以独立私密性较高的 private dining room 单位作为落点，形式的概念则是来自太极阴阳与虚实。材质的应用上，位于空间中部的包房以透明玻璃面墙与窗纱帘做局部变化，透过灯光的折射营造出横向空间的穿透性。而后，紧临窗的包房单一地以充满野性的皮革马赛克串联所有墙面，内外则以不同的对比颜色加强了视觉冲击的空间效益。

　　这场玩转世界的游戏随着光线与虚实空间的接触变化，营造出热情欢愉的就餐氛围。

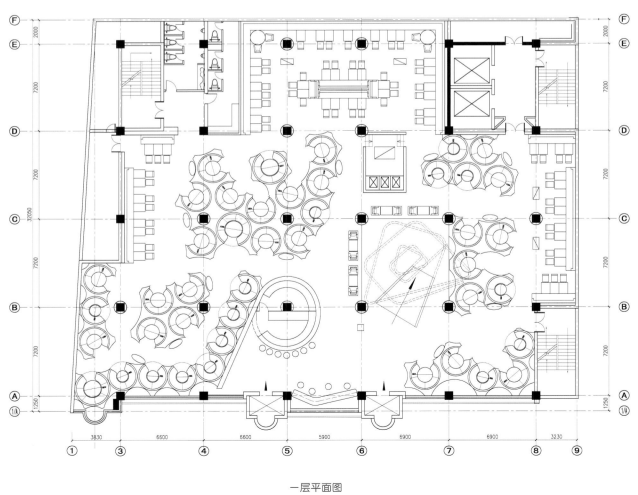

一层平面图

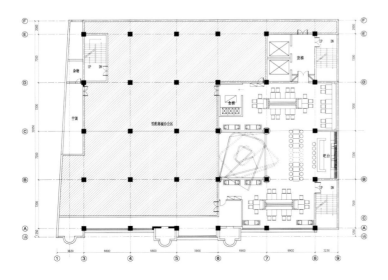

二层平面图

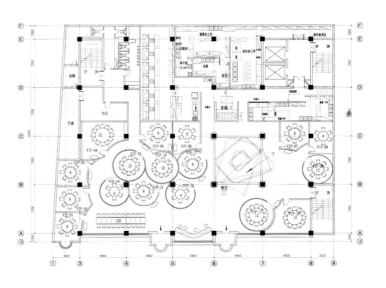

三层平面图

九号大酒楼餐厅

No.9 Hotel Restaurant

设计机构：北京山川启示室内设计事务所　　**项目地址**：天津市　　**项目面积**：8 000 平方米
主要材料：中国黑烧毛、灰麻烧毛、青砖、黑砖、壁纸、夹砂玻璃、软包、做旧木饰面

大家风范，名门盛宴，绚丽文化，与时偕行。

九号大酒楼餐厅是天津狗不理集团旗下另一个高端餐饮品牌。菜品以海鲜为主，选料考究，极致奢华，室内面积达 8 000 平方米。作为狗不理集团乃至天津市最大的独立餐饮空间，我们赋予它浓厚的文化积淀和时空容量。

天津曾作为租借地，在历史的背景下，这个城市深深地弥散着欧洲绚丽的文化氛围。在建筑设计上，我们着重表达欧洲建筑结构的体量感，摒弃纤细烦琐的装饰，使得雕塑般的建筑结构、美丽优雅的柱廊、宽厚的线角浑然一体，纵横之间气势磅礴。而当一个现代的玻璃结构门头置于其间时，古今的碰撞相映成辉，视觉上的强烈反差产生了精神时空的转换。雄浑之中气韵清秀，而这清秀之外那浓郁的古老文化亦被渲染得富丽端妍。

中西合璧，文化和视觉的饕餮盛宴。

王者必居天下之中。大中至正是中西方皇宫贵族深入骨髓的精神哲学，大厅空间设计中采用中轴线的营造法则，所有功能空间分列东西。璀璨的红酒柜、华丽的壁炉、温润的护墙板、马皮沙发，散发着西方贵族的浪漫优雅。大厅中心原结构中提取的八根方柱被幻化为八组中式的大型宫灯，分列两边，顶天立地、绚丽辉煌，迎接着贵宾的到来。尽头 40 米长的水域，横跨东西，九组吐水龙头置于水面之上，弘泽四方。一面巨幅的影壁墙通天达地，傍水而兴；一块丹陛置于中央，寓意平步青云；云海之上五爪金龙隐现其中，大中至正，笑纳天下。

两面巨幅古画置于两侧，画中琪花玉树，鸟语蝉鸣。富贵祥和的皇家气蕴回荡于空间之中。

二三四层公共空间于整栋建筑中贯穿东西，两侧包房分列南北，我们利用原有结构过梁，演变为一组组的欧式建筑门廊置于过廊之中，层层廊架隔而不离，间而不断，既满足了包房与包房之间的独立私属，又形成了丰富的空间序列。而当一件件中国古老的艺术品置于其中时，每一层的公共空间便有了独特的意蕴。

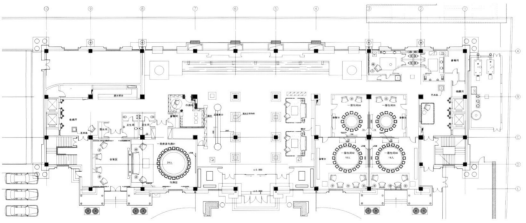

一层平面图

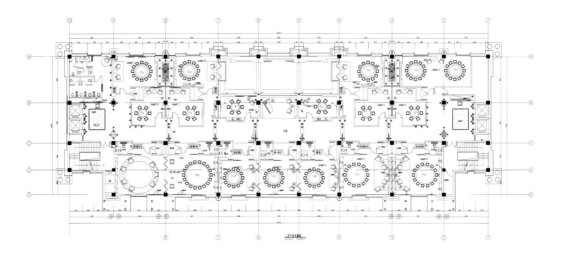

二层平面图

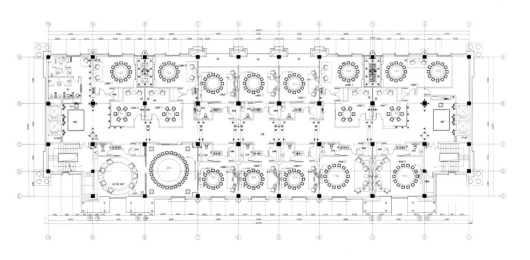

三层平面图

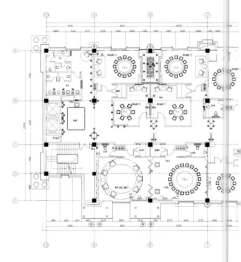

四

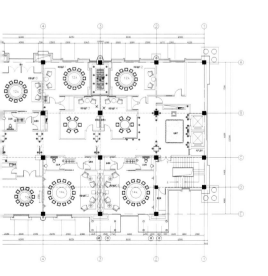

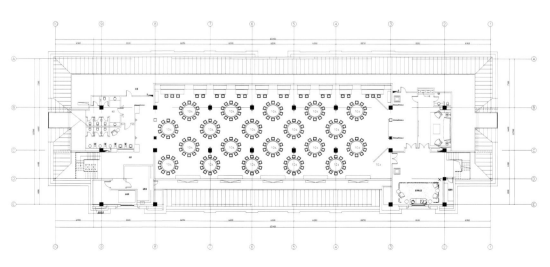

五层平面图

天九翅
Tianjiu Shark Fin Restaurant

设计机构：福州品川装饰设计有限公司　　**项目地址：**福建省福州市　　**项目面积：**1 500 平方米
主要材料：火烧花岗岩、黑白根大理石、丝绸硬包、烤漆玻璃、水曲柳套色

拟把疏狂图奢华。

乍一进天九翅餐厅，一种金碧辉煌的奢华和雅致霎时扑面而来。在这里，可以犒劳你的味蕾，也可以愉悦你的心灵，它的风格看似混合实则统一。初看其整体，欧式的富丽堂皇会立即吸引你的注意力，但深究其中，你更会发现不少来自于中式文化的元素点缀与冲击。

多重区域，尽显风情。

大堂区域，大理石拼砖在不规则的同时巧妙地与吊顶上的拼块式玻璃交相呼应，这使得整体奢华的同时又增添了几分协调感。此外，大堂一旁的弧形石块逶迤如绸一式铺开，两边芳草青郁、红梅皆绽，诸多细节的延伸丰富了整个餐厅设计的文化韵味。长廊里，金银相间的流线式铜墙外嵌一面面红铜镜，自弧形内缩至直线，形成空间结构一味往里面延伸，空间的立体与色彩的冲击在此被诠释得淋漓尽致。

欧式新古典与新中式，是天九翅餐厅中两种不同风格走向的包厢设计。欧式新古典包厢中，主打色调以黄、白、黑为主，妖娆却不失稳妥；而新中式包厢则稳重地沉淀了所有耀眼夺目的光环，这里的主打色调以大面积的黑白为主，再稍稍点缀以亮色装饰，相辅相成，配合得恰到好处。

五楼平面布置图

灯光辅佐，氛围烘托。

在本案的设计中，灯光布点上强调氛围的调动和实际使用的需要。因为整个商业空间的面积比较大，所以设计师在营造出大空间的风格之后，局部的点缀更是力求做到令人眼睛一亮的出彩效果。如何更好地表现出装饰细节的特点，环境的衬托就显得尤为关键了。

由于在处理大环境时，设计师将灯光作为空间的主要衬托方式，因此，对于细节的处理上，他一如既往地用灯光布点来强调出局部的特点。廊道的射灯、天花板上的内嵌灯、餐厅里的吊灯、墙面装饰镜的点灯……利用不同位置的灯光来凸显出空间的作用和氛围，同时将不同的空间划分有机组合在一起，灯光在这里起到的已绝非照明作用，更多的是被用作衬托与营造氛围的关键手段。

新粤海棠

New Cantonese Caval vine Restaurant

设计机构：乌鲁木齐大木宝德设计有限公司　　**主案设计师**：康拥军、黄凌、宁熙
项目地址：新疆省乌鲁木齐市　　**项目面积**：600 平方米　　**主要材料**：雨林啡石材、人造石、紫色镜面不锈钢、白色透光张拉膜、壁纸、金属马赛克、石英放射灯等

　　新粤海棠港式茶餐厅地处乌鲁木齐市中心繁华的新华北路丹璐购物中心四楼，是新疆首家融合菜时尚餐厅，是工作洽谈、商务用餐、亲朋小聚、放松心情、享受浪漫时光的最佳场所。

　　走进这家餐厅，首先感受到的是它浓浓的设计"范儿"和食客如云的热闹场面。在这里，古典与现代被全新演绎，尽管空间中糅合了多种元素，但给人的感觉是清新而悦目，精致而优雅。餐厅整体散发着现代时尚气息：潺潺的流水、写意流畅的线条、极具创意的装修风格。各种新材料的使用以及强烈的质感、肌理的对比，体现了现代生活快节奏、简约和实用，但又富有朝气的特点。在悠闲的午后，携三五好友，享受这专属自己的时光，远离现代都市的喧嚣和嘈杂，独享一份难得的恬适与静谧。

　　在功能的划分上，设计师充分利用每一寸空间，通过巧妙的设计，使整个空间零而不散。餐厅内设进厅、中心水景区、就餐区、酒水服务区等，各功能分区既相互独立又相互关联，成为一个有机的整体，提高了工作效率的同时又便于各部门之间的协作。

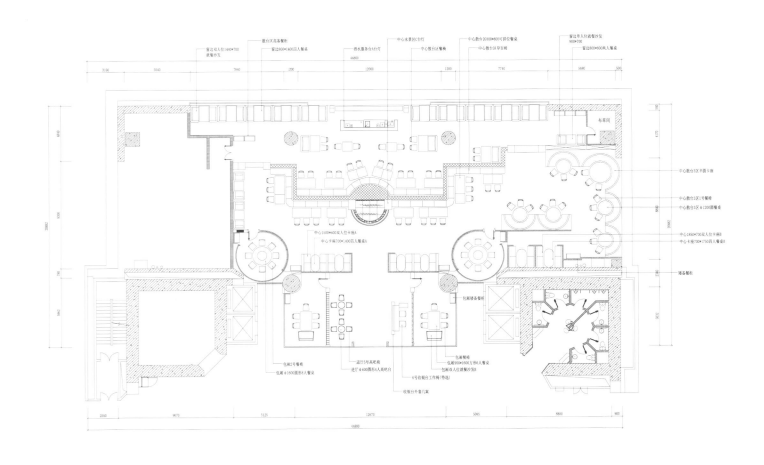

平面布置图

　　俗话说，民以食为天。当今，吃已不仅仅只是为了充饥，人们赋予了饮食更多的内涵和意义。品味美食，品味的不仅仅只是美食，更是一种时尚的饮食文化，一种健康的生活理念，一种对人生的态度。
　　感受经典，品味时尚！伴着悠扬的乐曲，再加上一杯纯正的新粤海棠香港奶茶，定会令您流连其中，久久不愿离去……

天津大铁勺酒楼
Tianjin Big Spoon Restaurant

设计机构：经典国际设计机构（亚洲）有限公司　　**主案设计师**：王砚晨、李向宁
项目地址：天津市　**项目面积**：3 000 平方米
主要材料：黑金花、木纹石、雕刻、印刷玻璃、电镀不锈钢板、木质雕刻板、金、银箔、古铜五金、
定制地毯、家具、灯具

　　当我们第一次接手天津大铁勺酒楼的设计之时，Art Deco 风格就成为我们心中的首选，不仅仅因为 Art Deco 风格在全球复兴的潮流，更多原因是由于天津的城市血液中流淌的 Art Deco 元素所决定的。
　　天津作为中国第一个开放的口岸，早在 20 世纪 30 年代就与 Art Deco 结缘。五大道、和平路等地出现众多的 Art Deco 风格建筑，成为当时中国同上海并列的 20 世纪的 Art Deco 风尚之城。
　　百年后，伴随着天津的再次崛起，Art Deco 在天津城市建筑中正逐渐复兴，她标志着天津再次迈向辉煌。而大铁勺酒楼正是在这场复兴运动中的见证者，是当代新贵阶层生活方式的选择。大胆轮廓、几何形体、阶梯造型，是 Art Deco 风格的基本定义。作为财富与精神象征的新贵阶层，当他们既不想回归繁复的古典主义传统，也拒绝接受工业化的极简主义时，Art Deco 风格往往便成为最完美的选择。

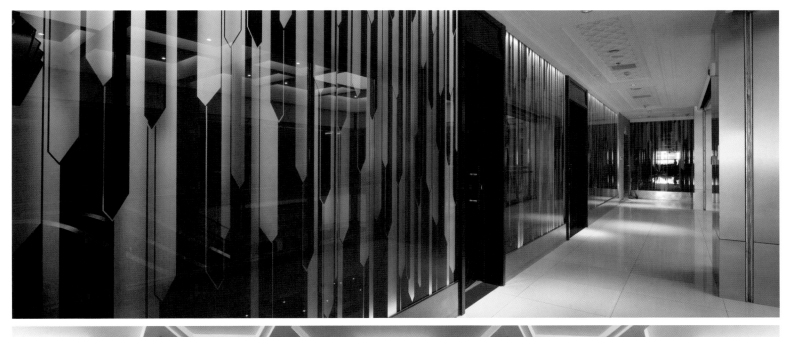

Art Deco 风格注重表现材料的质感、光泽；造型设计中多采用几何形状或用折线进行装饰；色彩设计中强调运用鲜艳的纯色、对比色和金属色，造成华美绚烂的视觉印象。

具体到本案例中，我们着重强调了不同空间的色彩对比及呼应关系，使作品在统一中富有变化。注重运用当代的新工艺新材料，充分满足低调中彰显个性时尚的内在品质追求。

精心选配的家具、灯饰表现了我们对现代艺术的钟情。Art Deco 的无限魅力，就在于对装饰淋漓尽致的运用，且不论时代如何变迁，都能在其中出现新突破。

我们试图用当代的手法复兴 Art Deco，重新诠释这种被称为"20世纪最激动人心的装饰艺术风格"。有人认为，都市人的怀旧创造了 Art Deco 在当今社会的流行和时尚。我们并不否认这样的解释，但不仅仅因为怀旧就能时尚，而是一种审美价值观念的体现以及对传统文化的继承和发扬才造就了时尚。对于经典的简单复制和怀旧并不是好的设计，时尚的生命力在于从经典中寻找精髓和品质，在现代审美的理解基础上传承与创新。

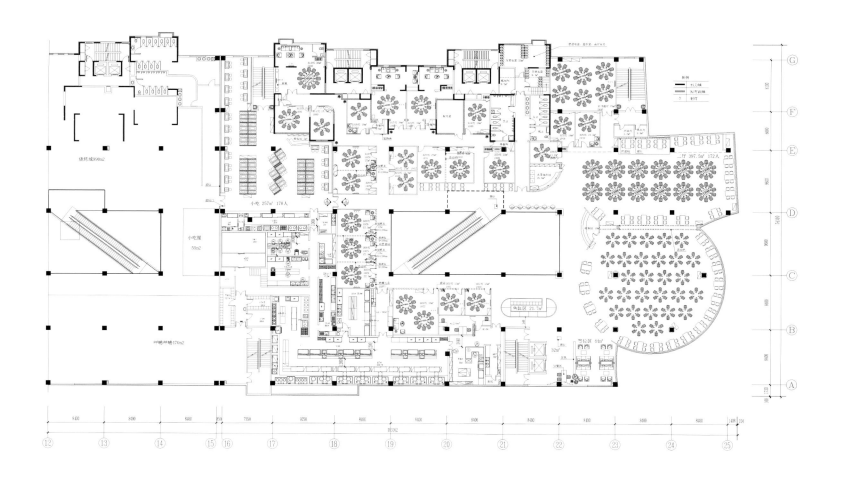

平面布置图

俏号斯餐厅
Chowhaus Restaurant

设计机构：穆哈地设计咨询（上海）有限公司　　**主案设计师**：颜呈勋
项目地址：上海市　　**项目面积**：600 平方米　　**主要材料**：黑色金属、深色木地板、亚克力、针织毯

　　俏号斯餐厅的定位是东南亚风格，餐厅运用磨砂水泥地面、胡桃木的墙面，搭配中世纪氛围的家具，塑造了幽静温暖的用餐空间。在色调的运用上，以白色、米色与深木色为主，墙壁上金色号角的点缀，使其低调但绝不单调。
　　在餐厅的空间设计上，用餐部分为了四个区域，既有适合午餐的区域，也有适合小酌一杯的沙发座。在完全开放的用餐环境到正式的晚餐区，不仅有装了壁炉的书架，还有从各地搜回的老皮箱。精巧的吊顶、灯饰、音响可以随心为自己的晚餐播放音乐。在这里你可以感受到设计师为顾客营造的一个又一个的惊喜，体会到时间和空间的交错感。

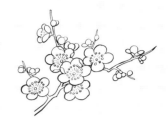

爱烤客烤吧

Cook Bake Love Bar

设计公司：吉林省六合建筑装饰设计有限责任公司　　**主案设计师**：李文　　**项目地址**：吉林省长春市
项目面积：600 平方米　　**主要材料**：生锈肌理铁板、水泥、铁链条、锈色地砖

　　爱烤客烤吧是以烤肉为主营的三层空间，而且与商场相通，定位为快餐形式，采用以吧台为主的就餐方式。
　　本方案设计师以表现原材料的材质美为设计主张，大面积的铁锈肌理板造型，大力营造出"返璞归真"的主题就餐环境。
　　烤吧主材选用生锈肌理铁板、水泥、铁链条、锈色地砖和原有管道的排列。以紫铜板吧台面、红色吧椅、铝制现代灯具、拉膜灯箱等元素营造出以吧台为中心的客与客、客与服务人员之间互动的就餐氛围，共同描绘出一幅众人篝火烤餐的愉悦画面。

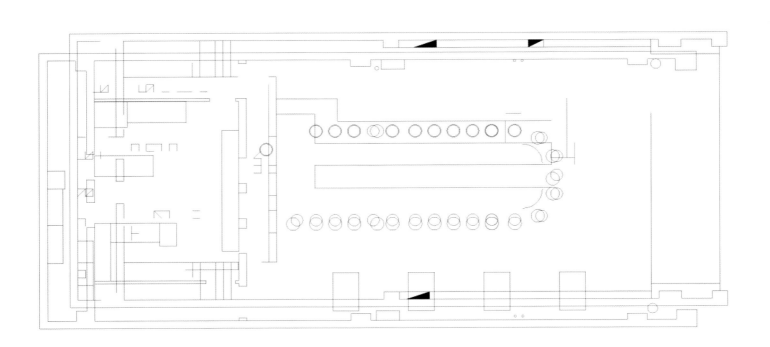

一层平面布置图

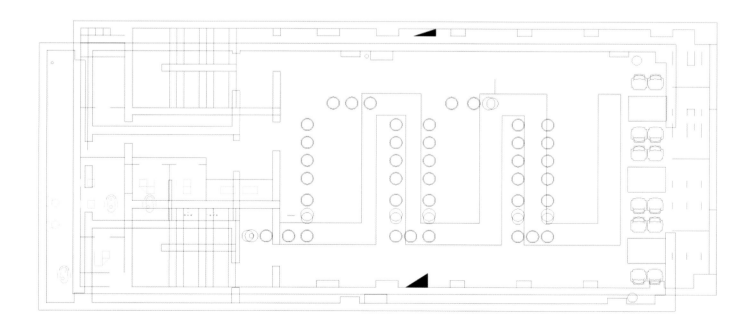

二层平面布置图

三层平面布置图

俪香咖啡
北京望京商业中心店

Li Xiang Cafe–
Beijing Wangjing Business Center Branch

设计机构：古鲁奇建筑咨询（北京）有限公司
主案设计师：利旭恒　项目设计：赵爽　助理设计：季雯、郑雅楠
项目地址：北京市　项目面积：250 平方米
主要材料：深啡网石材、爵士白石材、马赛克、编制毯、皮革

圆形结构的心灵迷宫。
本项目是以圆形迷宫的概念进入空间主题，不管是上下空间颠倒的场景、Ariadne 手绘的圆形迷宫、梦中的内外镜位、不断旋转的陀螺，还是剧本开场与结尾的串联圆的概念在空间里不断出现，圆形迷宫，每个人走不同的方向，左来右转，但最终都要走向圆心。圆心是一只空旷的圆圈，里面只有杯温暖香醇的咖啡。

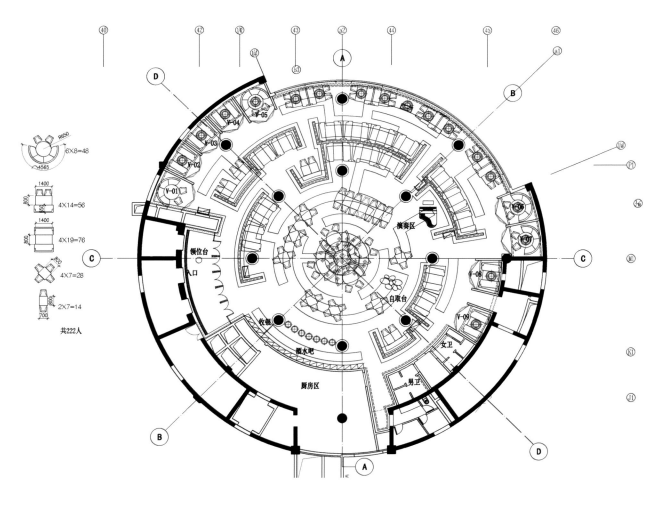

综合天花图

馋厨

Chef Chan

设计机构：古鲁奇建筑咨询（北京）有限公司　**主案设计师：**利旭恒、赵爽、郑雅楠
项目地址：北京市　**项目面积：**250 平方米
主要材料：灰砖、镜面玻璃、人造皮革、铁艺、亚克力

馋厨－蟾蜍
　　设计的概念源自 Discovery 生态影片中一幕蟾蜍在水中悠游吐出的小气泡，当然泡泡 bubbling 亦是作为来自新加坡餐饮品牌"馋厨"企业图腾的一部分。整体以展现热带的现代风格为主，试图用品牌谐音与生物特性玩出另一种新意。
　　"馋厨"在中文的谐音就是蟾蜍。因为蟾蜍是可爱的小动物，所以给人比较可爱且平易近人的感觉。餐厅的消费人群年龄设定在 15 岁到 35 岁之间，这是一个比较年轻的消费群体。一般而言，他们的特性是富有活力与朝气，勇于创新并喜欢尝试新鲜的事物，而且以女性居多。针对这样的消费群，设计师决定用比较活泼可爱的设计手段来吸引他们的目光，同时利用光线与材料的质感等元素，制造一个个独特而有待感受的空间，让人能顿时放下其他事，尽情投入空间的气氛中。
　　本案面积不大，设计师娴熟地利用简洁的线条划分出合理的用餐环境，而材料、结构与色彩的搭配加上巧妙的灯光处理更营造出空间开阔、明亮的轻松气氛。

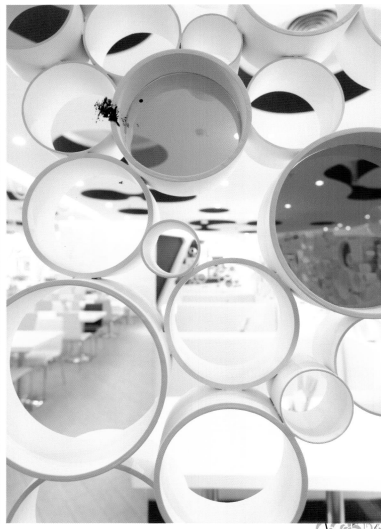

平面：天花板的样式是来自池塘的荷叶。

立面：彩色玻璃及铁艺焊接组成大大小小的彩色泡泡不规则地高低排列，双面镜墙反射出数倍的泡泡，这种直截了当的表现手法却多了点年轻的活力气息，不仅仅表现出主体概念，更是吸引人潮的视觉亮点。

微不足道的小事能成就的结果总是超乎想象，从 Discovery 生态影片中三秒钟的画面创造出独特的空间效果，能从简单的线条中寻找设计的多样性，是无与伦比的职业乐趣。

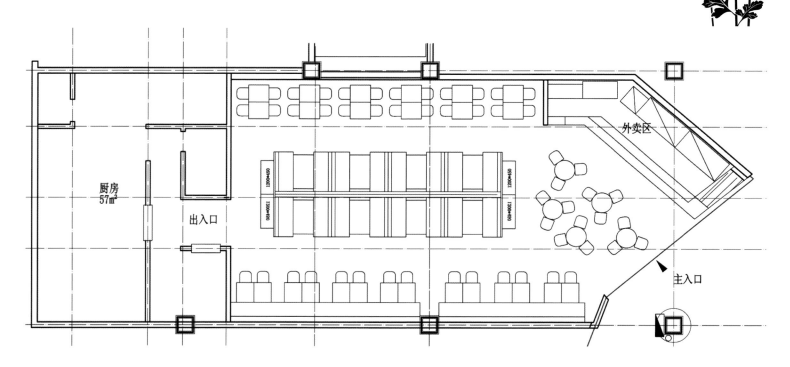

平面图

港丽餐厅
Charme Restaurant

设计机构：古鲁奇建筑咨询（北京）有限公司　　**主案设计师：**利旭恒、赵爽
项目地址：北京市　**项目面积：**850 平方米
主要材料：爵士白大理石、镜面玻璃球、人造皮革、实木地板

　　来自香港的港丽餐厅是一家专营港式料理的品牌，在北京与上海都已有大量的粉丝。 2010 北京中关村店是一场两岸三地的创意大集合，祖国大陆、香港、台湾，来自三个不同地区的料理试着碰撞出精彩火花。本案位于北京中关村。中关村里无论建筑还是环境总是给人强烈的高科技与未来感，而来自台湾的设计师利旭恒恰利用灵感给予本项目一个有趣的概念——"未来世界"。《未来世界》是一部 30 年前的电影，电影讲述在一个人人都有机器仆人、机器朋友或机器情人（有偿的）的未来世界中，公园机器人渗透进人类社会，并成为人类伪冒者，在人类世界发号施令，而人类与之斗争的故事。电影情节进入了空间，机器人布下天罗地网搜抓人类，而人类则如同马戏团表演般在舞台上逃窜。当人类不幸被捕抓之后，机器人就利用输送带将人类送往另一个世界。设计师利旭恒说："当然，这需要有些想象力才可以体会这黑色幽默的创意。"

被美国室内杂志中文版评为年度中国百强设计企业之一的古鲁奇公司，负责重新设计这原本是一家经营不善而歇业的餐厅场地。设计师延续《未来世界》这一电影的概念主题，将剧情的网状物、输送带、垂直装饰物等转化在空间中。从天花一颗一颗的镜面玻璃球，到延伸的以多层次灰白基调为主的墙面造型中，视觉所及的聚点在对比之后渐渐落在墨黑皮制座椅上。空间的中央区，吧台造型以《未来世界》的弧形语汇优雅地呈现科技美学。镜面底板搭配白色人造石桌面构成吧台，简洁低调的材料语汇，呈现一种未来的时髦美感。吧台的对面是一个大玻璃盒子，内部为一条通往地下层的输送带型电扶梯，在餐厅里可以透过玻璃看见双向流动的人群。这一切都呈现了《未来世界》这一电影情节中的黑色幽默。设计师为餐厅墙面所制作的装置艺术以"垂直流动"为概念主轴，以多层次白灰基调的人造皮革管子构成一连串的垂直视觉体验。这件雕塑概念的墙面装饰结合了装置艺术的概念，在餐厅入口到用餐区之间，成为餐厅室内空间的皮肤，反映出未来世界的后资本议题，同时贴切地反映了设计师对后资本主义社会的反思。利旭恒提供一种竖向垂直流动的视野，让人们思考这些被建置的空间如何构成我们日常的生活模式。

港丽餐厅成功地将电影情节、艺术、设计融入在同一个空间中，成为一体，使位于北京中关村里的小餐厅成为高科技新贵们的另一时尚焦点。

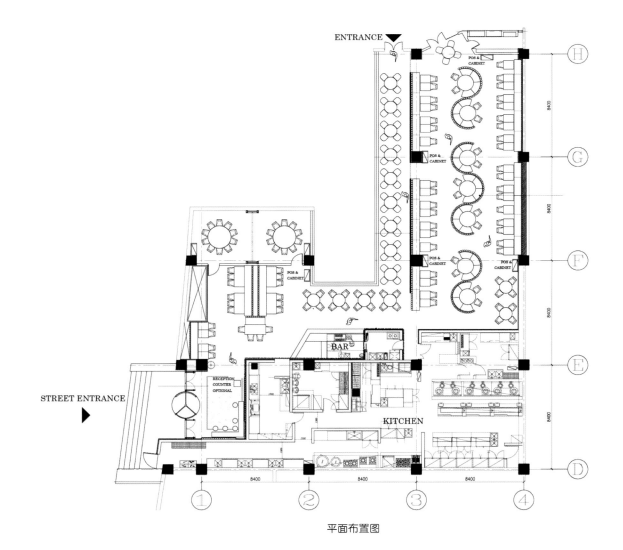

平面布置图

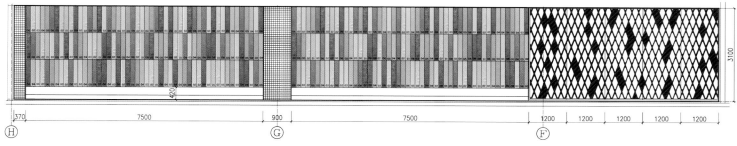

皮革彩色拼图

重庆青一色
煌华店
Chongqing Qingyise–Huanghua Branch

设计机构：重庆旋木室内设计有限公司　　**主案设计师**：冉旭、李茜、屈慧颖　　**技术总监**：任娟
项目地址：重庆市　　**项目面积**：650 平方米
主要材料：白色人造石、木纹墙纸、白色模压板、彩玻、黑板漆、玻化砖

　　重庆青一色是一家与时尚、文化、健康体验同行的餐厅。本案作为青一色众多加盟连锁店的第一个形象规范示范店，无论是从经营理念上还是空间设计上，都彻底颠覆了传统火锅和青一色以前所有店面的概念。如何找准设计思路？什么是最适合的设计风格？通过与业主深入细致的沟通和研究，青一色 VI 视觉形象系统中的青椒元素和绿色作为主角在本次设计中款款登场：青椒变形而成的布艺花瓣、不锈钢材质的似椒又似小鱼的写意雕塑小品、绿色的小布枕配上白或黑的坐垫、定制的内部呈现青绿色的大型灯罩、青绿搭配黑灰色的大面积运用……除此之外，还特意增设了互动的餐厅文化留言墙。我们希望传达的是，这里在硬软件设施之上更强化一种文化的经营。作为一个形象规范示范店，我们并不需要昂贵精细的材料和工艺来增加空间品质的同时却加大了加盟店的施工难度和造价，我们要以青一色年轻、亲和、独特的气质文化吸引客流，并能给人留下深刻的印象进而产生偏好。如何打造一种独特的文化，并让其深入人心？那就是空间的设计从 VI 视觉形象系统开始出发，让所有元素都拥有同一姓氏，使信息形成包围圈，在不同的位置上都发出同一种声音！

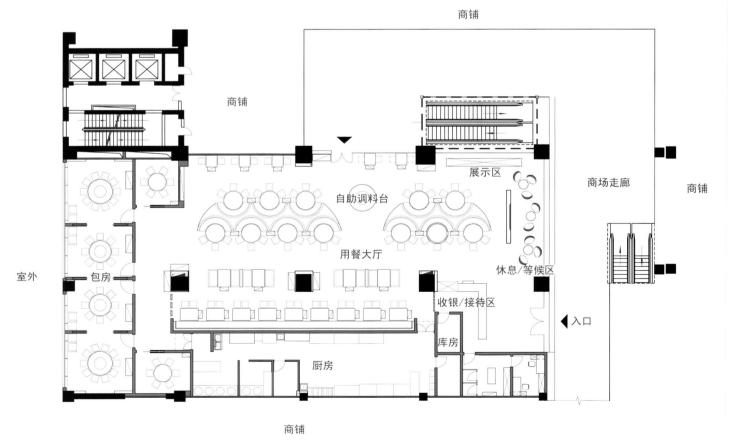

商铺

商铺

商场走廊

商铺

室外

展示区

自助调料台

用餐大厅

包房

休息/等候区

收银/接待区

入口

库房

厨房

商铺

平面布置图

星光捌号

Star Eight Restaurant

设计机构：香港泛纳设计事务所　**主案设计师：**潘鸿彬、谢健生、蔡智娟
项目地址：江苏省无锡市　**项目面积：**700 平方米
主要材料：紫红色光纤、水泥壁、木材、生铁、皮革

星光晚宴
　　星光捌号是无锡市中心新开设的一间牛排餐厅，位于历史活化项目"西水东"的百年工业厂房之内。设计概念是将富有历史价值的旧仓库加以改造更新，保留其大部分建筑的原有风貌。加建的夹层结构大大地增加了可用空间，使它成为时尚浪漫的现代化餐饮地标。
　　设计策略是将传统的牛排屋餐饮体验提升到一种新的境界。餐厅的两个用餐区内多种类型的座位布局迎合不同顾客的要求，在这时尚而浪漫的意境中享用锯扒之乐。

中庭用餐区
　　保留原有旧建筑的元素，包括十米高屋顶的斜面天窗和梁柱结构、外墙红砖和室内水泥壁以及窗框等，使顾客可以一边进食一边欣赏老建筑的新面貌。两米高的雄牛屏风用刀叉组成，它是餐厅的品牌标志，使顾客一见顿生食欲。区内垂直宽敞的空间里，六米高镜钢酒柜和 VIP 区顶上的水晶吊灯是装饰重点，中央和周围用餐区摆着真皮梳化，天花垂吊着紫红色光纤造成的点点星光，缀成了星光下的晚宴。

夹层用餐区
　　新建的钢结构夹层是半开放式。其多功能区的黑白牛图案吊顶和地灯使顾客到此有"回家"即宾至如归之感。半透明的活动屏风装置提供灵活的间隔，以便满足举行不同活动的需要。顾客在黑镜饰面的洗手间洗手，最后结束了其星光之旅，留下难于忘怀的印象。

一层平面图　　　　　　　　　　　　　　　　夹层平面图

上海恒隆广场
尚渝餐厅

Shangyu Restaurant in Plaza 66

设计单位：重庆旋木室内设计有限公司　　**主案设计师**：冉旭、屈慧颖
项目地址：上海市　　**项目面积**：300 平方米　　**主要材料**：手工陶板、灰色木纹石、进口树脂板

　　尚渝餐厅以经营台湾菜为主，位于上海恒隆广场五楼。通过与业主的沟通，对于如何在世界顶级品牌最集中的中国乃至世界的时尚高地找准自己的设计定位，是我们要清楚认识和解决的重要问题。世界各地都在了解和学习中国文化，我们决定完善和发展我们自身的东西，去寻找属于我们自己的有根的设计。于是有了这片我们与陶艺师傅经过无数次实验才烧制成功的、如同挂满青苔的绿色流釉的白陶墙面。雕塑家根据我们的图纸制作的表面如同水面涟漪的雕塑屏风，倒映着四周的灯影人影，竟有些水墨的味道，坐在变形优美的圆洞正中的餐位上，就如景窗中看出去的一道美丽风景。我们原创的餐桌、包豪斯的餐椅、MOOOI 的吊灯、水墨画般的云石挂片……这里面的一切都融入了我们以及为项目付出努力的每一个人太多的汗水、努力与期盼。

　　在设计工作中，"信任"是最重要的要素。与业主的相互信任、良好沟通，是好的设计作品的开始，能让设计有一种从容、安静的节奏。虽然本项目并不是完美的，但对业主周先生和我们来说，更多的精神被承载于此。

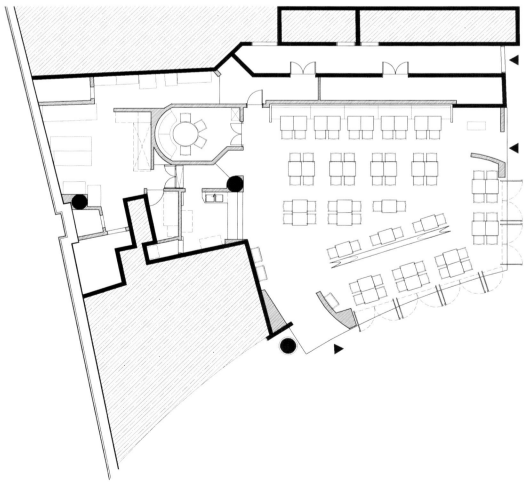

平面布置图

许仙楼

Xuxian Restaurant

设计机构：北京山川启示室内设计事务所
项目地址：北京市　　**项目面积**：约 2 000 平方米　　**主要材料**：马来漆、石材、木地板

海纳百川，有容乃大。

"江南好，风景旧曾谙。日出江花红胜火，春来江水绿如蓝。能不忆江南。"

许仙楼——粉墙黛瓦，碧波竹海，带着江南的温婉、文人的儒雅和那一抹动人的千年情愫，静静地绽放在工体西门院内，与院外繁华迷离的世界仅一墙之隔，却又恍若隔世。

几片斜墙的指引，伴着树影的摇曳、草地的芳香，踏在码头板上，拾阶而上，许仙楼婉约的身姿在一片碧波中显现，婀娜多姿。占地面积 2 000 多平方米，南挑 15 米的玻璃连廊贯穿建筑南北，如一道陨石从天而降，在夜空下光芒四射。水面上的"许仙"翘首仰望星空，似乎在轻声地诉说着这千年不变的浪漫。此时，时空皆已转换，丝丝荡漾的情感才能诠释眼前的一切。

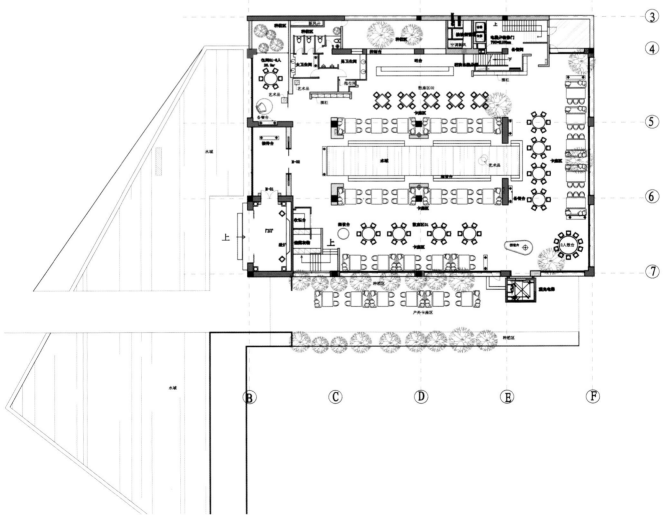

一层平面图

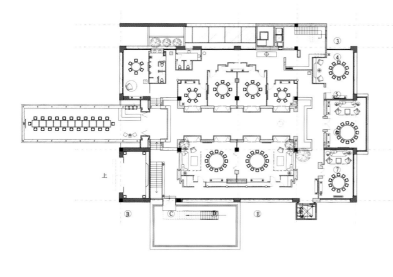

二层平面图

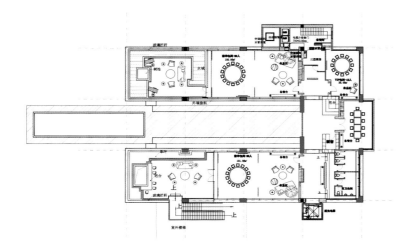

三层平面图

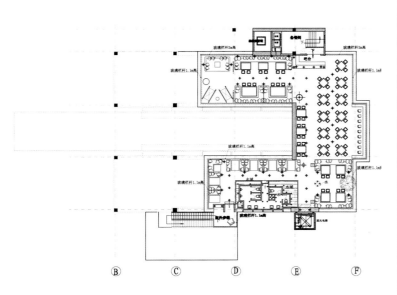

四层平面图

气韵生动

"气者，心随笔运，取象不惑。韵者，隐迹立形，备遗不俗"。从意境到神韵，意象到造象都息息相通。不似之似的意象造型与中国古代绘画美学法则如出一辙。

瓦当、椽子，江南的天井在门厅的上方体现，不经意间把我们引入了"世外桃源"。

步入店内，回转过一道屏风，映入眼帘的是室内三层楼的挑空幻化为江南水乡的建筑场景，一条贯通的水道对应上面的玻璃连廊，把建筑隔为两岸。清雅、隽秀的淡绿色墙面衬托二层包间露台的墨绿色栏杆，和谐而优雅，中心水景与两岸建筑交融，偶有炊烟袅袅，偶有烟雨蒙蒙，宛如清悠思绪旖旎而行。傍水而坐，水影斑驳，眼前忽明忽暗，都市的繁杂喧嚣器在此刻腾然而去，仅留一方清静在心。

"青林翠竹"，作为吧台的背景，让人感受到"绿竹半含箨，新梢才出墙"的诗境。见仁见智，浮想联翩，静静地品味着属于各自的一方景致，一方天地。山水玻璃隔断，水色天光，墨色迷离，尽素淡之雅，呈天地本性之美。人虽未至其中，然心向往之。"风烟俱净，天山共色。从流飘荡，任意东西。鸢飞戾天者，望峰息心；经纶世务者，窥谷忘反"，这是一种淡泊人生和超脱世俗的禅意。望着那餐桌上静静盛开的幽兰，清婉脱俗，"幽兰生庭前，含薰待清风。清风脱然至，见别萧艾中"。

图书在版编目（CIP）数据

亚太餐厅 / 深圳市博远空间文化发展有限公司编 .
—天津：天津大学出版社，2012.8
（餐厅设计精选集合）
ISBN 978-7-5618-4414-4

I. ①亚… II. ①深… III. ①餐厅—室内装饰设计
—中国—图集 IV. ①TU247.3-64

中国版本图书馆 CIP 数据核字（2012）第 173480 号

餐厅设计精选集合
亚太餐厅   深圳市博远空间文化发展有限公司 编

版式设计   张意娴
责任编辑   朱玉红
出版发行   天津大学出版社
电   话   发行部：022-27403647 邮购部：022-27402742
网   址   publish.tju.edu.cn
地   址   天津市卫津路 92 号天津大学内（邮编：300072）
经   销   全国新华书店
印   刷   深圳市彩美印刷有限公司
开   本   235mm × 320mm
印   张   20
字   数   260 千字
版   次   2012 年 8 月第 1 版
印   次   2012 年 8 月第 1 次印刷
书   号   ISBN 978-7-5618-4414-4
定   价   320.00 元（USD 59.90）